Martin Aigner

Zahlentheorie

BachelorkursM athematik

Herausgegeben von:
Prof. Dr. Martin Aigner,
Prof. Dr. Heike Faßbender,
Prof. Dr. Jürg Kramer,
Prof. Dr. Peter Gritzmann,
Prof. Dr. Volker Mehrmann,
Prof. Dr. Gisbert Wüstholz

Die Reihe ist zugeschnitten auf den Bachelor für mathematische Studiengänge.
Sie bietet Studierenden einen schnellen Zugang zu den wichtigsten mathematischen
Teilgebieten. Die Auswahl der Themen entspricht gängigen Modulen, die in einsemestrigen
Lehrveranstaltungen abgehandelt werden können.
Die Lehrbücher geben eine Einführung in ein mathematisches Teilgebiet. Sie sind im Vor-
lesungsstil geschrieben und benutzerfreundlich gegliedert. Die Reihe enthält Hochschul-
texte und kurz gefasste Skripte und soll durch Übungsbücher ergänzt werden.

Lars Grüne / Oliver Junge
Gewöhnliche Differentialgleichungen

Wolfgang Fischer / Ingo Lieb
Einführung in die Komplexe Analysis

Jörg Liesen / Volker Mehrmann
Lineare Algebra

Martin Aigner
Zahlentheorie

www.viewegteubner.de

Martin Aigner

Zahlentheorie

Eine Einführung mit Übungen, Hinweisen und Lösungen

STUDIUM

Bibliografische Information der Deutschen Nationalbibliothek
Die Deutsche Nationalbibliothek verzeichnet diese Publikation in der
Deutschen Nationalbibliografie; detaillierte bibliografische Daten sind im Internet über
<http://dnb.d-nb.de> abrufbar.

Prof. Dr. Martin Aigner
Freie Universität Berlin
Institut für Mathematik
Arnimallee 3
14195 Berlin

aigner@math.fu-berlin.de

1. Auflage 2012

Alle Rechte vorbehalten
© Vieweg+Teubner Verlag | Springer Fachmedien Wiesbaden GmbH 2012

Lektorat: Schmickler-Hirzebruch | Barbara Gerlach

Vieweg+Teubner Verlag ist eine Marke von Springer Fachmedien.
Springer Fachmedien ist Teil der Fachverlagsgruppe Springer Science+Business Media.
www.viewegteubner.de

Umschlaggestaltung: KünkelLopka Medienentwicklung, Heidelberg
Druck und buchbinderische Verarbeitung: AZ Druck und Datentechnik, Berlin
Gedruckt auf säurefreiem und chlorfrei gebleichtem Papier
Printed in Germany

ISBN 978-3-8348-1805-8

Inhalt

Vorwort

Die Zahlentheorie, neben Geometrie wohl das älteste Gebiet der Mathematik, hat im Lauf der Zeit nichts von ihrem Reiz eingebüßt – ganz im Gegenteil: Die Faszination zeitloser Probleme wie der Existenz von unendlich vielen Primzahlzwillingen oder der Fermatschen Vermutung genau so wie aktuelle Anwendungen in Kryptographie und Algorithmen lassen sie lebendiger denn je erscheinen. Trotzdem hat die Zahlentheorie nicht überall in der Bachelorausbildung ihren Platz. Das ist schade, zumal Vorlesungen über Zahlentheorie nach meiner Erfahrung als Grundlagen- und Anwendungsgebiet besonders geschätzt werden.

Das vorliegende Buch ist als Beitrag dazu gedacht, die Zahlentheorie in den Bachelor Lehrplan einzubauen. Es ist als Skript in mehreren Vorlesungen an der Freien Universität Berlin verwendet worden und ist das erste in der Bachelorreihe *Skripte* des Vieweg+Teubner Verlages. Es richtet sich an Bachelor Studenten der Mathematik des 3.–5. Semesters und insbesondere auch an Lehramtsstudenten, die sich in Zahlentheorie vertiefen wollen. Es ist kein umfassendes Lehrbuch, sondern will den Stoff einer einsemestrigen Vorlesung vermitteln, der für einen ersten Überblick nötig ist. Für alle, die weitermachen wollen, hält die Literaturliste einige empfehlenswerte Bücher bereit.

Inhalt und Stil sind nach der Intention der Buchreihe eng an das tatsächliche Vorlesungsskript angelehnt, inklusive Zeitaufwand einer 4+2-stündigen Veranstaltung von 14 Wochen. Der Text umfasst dementsprechend etwa 140 Seiten, pro Woche gibt es 10 Übungen, die direkt in den Stoff einfließen (in der Vorlesung mussten jeweils 5 davon gelöst werden). Im einzelnen sieht der Zeitplan etwa so aus:

Kapitel 1:	Zum Aufwärmen	2 Wochen
Kapitel 2:	Primzahlen	4 Wochen
Kapitel 3:	Irrationale Zahlen	2½ Wochen
Kapitel 4:	Algebraische Zahlen	4 Wochen
Kapitel 5:	Transzendente Zahlen	1½ Wochen.

Die Übungen sind wie immer ein ganz wichtiger Teil. Es gibt einige reine Rechenaufgaben, andere haben einen Knobelcharakter, bei den meisten muss etwas bewiesen werden. Für viele Übungen gibt es Hinweise, und am Schluss des Buches findet man kurze Lösungen. Das Literaturverzeichnis enthält einige Klassiker, aber auch neueste Bücher, die mir bei der Vorbereitung nützlich waren (oder die ich besonders schön finde). Es ist nach Kapiteln gegliedert und mit kurzen Kommentaren versehen.

Was wird vorausgesetzt? Zunächst natürlich eine Vertrautheit mit den mathematischen Grundbegriffen, wie sie in den Vorlesungen über Lineare Algebra und Analysis in den beiden ersten Semestern erworben wird. Empfehlenswert ist ferner eine Einführung in die Algebra/Zahlentheorie. Insbesondere von den folgenden Themen sollte man schon gehört haben:

- Hauptsatz der Arithmetik

- Größter gemeinsamer Teiler

- Euklidischer Algorithmus

- Grundbegriffe algebraischer Strukturen wie Gruppen und Ringe

- Kongruenzrechnung

Für alle, die sich hierbei nicht ganz sicher fühlen: Im Anhang werden die benötigten Begriffe bereit gestellt (und sie werden größtenteils im Text nochmals erläutert).

Mein Dank geht an Margrit Barrett vom Mathematischen Institut der Freien Universität Berlin für die makellose Abfassung des Manuskriptes, an Christoph Eyrich für die Endredaktion, und an Ulrike Schmickler-Hirzebruch vom Vieweg+Teubner Verlag für die wie immer angenehme Zusammenarbeit.

Zahlentheorie hat mich schon als Student begeistert, und die Faszination ist über die Jahre geblieben. Ein Skriptum kann natürlich niemals die Inspiration und Dramatik einer erstklassigen Vorlesung mit all ihren rhetorischen Höhenflügen erreichen. Es würde mich aber freuen, wenn dieses kurze „Skripte"-Buch einiges von der Schönheit und Eleganz dieses wunderbaren Gebietes vermitteln kann.

Berlin, Juli 2011   Martin Aigner

1 Zum Aufwärmen

Wir wollen am Beginn einige der bekanntesten Zahlen bzw. Zahlenfolgen betrachten und dabei typische Fragestellungen der Zahlentheorie kennenlernen, die ihrerseits wieder auf überraschende Zusammenhänge führen.

1.1 Fibonacci Zahlen

Jeder kennt die Fibonacci Zahlen. Sie sind bekanntlich definiert durch $F_0 = 0$, $F_1 = 1$ und $F_n = F_{n-1} + F_{n-2}$ für $n \geq 2$. Hier ist eine Liste der ersten Zahlen:

n	0	1	2	3	4	5	6	7	8	9	10	11	12	13	14	15
F_n	0	1	1	2	3	5	8	13	21	34	55	89	144	233	377	610

Wir stellen uns folgende Fragen:

1) Gibt es eine geschlossene Formel für F_n?

2) Wie schnell wächst die Folge (F_n)?

3) Wann gilt, dass F_m ein Teiler von F_n ist?

4) Sei p Primzahl; gibt es ein n mit $p \mid F_n$?

Frage 1 lässt sich mit der allgemeinen Methode für Rekursionen beantworten. Hier ist der schnellste Weg. Es seien τ und ρ die Wurzeln der Gleichung $x^2 = x + 1$, also $\tau = \frac{1+\sqrt{5}}{2}$, $\rho = \frac{1-\sqrt{5}}{2}$; $\tau = 1{,}618$ heißt der *goldene Schnitt*. Es gilt $\tau > 1$, $-1 < \rho < 0$.

Behauptung. Für $z \in \{\rho, \tau\}$ gilt $z^n = F_n z + F_{n-1}$ $(n \geq 2)$.

Für $n = 2$ haben wir $z^2 = z + 1 = F_2 z + F_1$. Zum Induktionsschritt sehen wir

$$z^{n+1} = z z^n = z(F_n z + F_{n-1}) = F_n z^2 + F_{n-1} z$$
$$= F_n(z + 1) + F_{n-1} z = F_{n+1} z + F_n.$$

Somit ist

$$\tau^n = F_n \tau + F_{n-1}$$
$$\rho^n = F_n \rho + F_{n-1}.$$

Subtraktion ergibt

$$\tau^n - \rho^n = F_n(\tau - \rho)$$

und mit $\tau - \rho = \sqrt{5}$ erhalten wir

$$F_n = \frac{1}{\sqrt{5}} \left[\left(\tfrac{1+\sqrt{5}}{2} \right)^n - \left(\tfrac{1-\sqrt{5}}{2} \right)^n \right]. \tag{1}$$

Übung 1. *Zeige $F_n = \frac{1}{2^{n-1}} \sum_{i \geq 0} \binom{n}{2i+1} 5^i$.*
Hinweis: Binomialsatz in (1).

Aus (1) sehen wir

$$\frac{F_n}{\tau^n} = \frac{1}{\sqrt{5}} \left[1 - (\tfrac{\rho}{\tau})^n \right],$$

und wegen $|\tfrac{\rho}{\tau}| < 1$ folgt $\lim_{n \to \infty} \frac{F_n}{\tau^n} = \frac{1}{\sqrt{5}}$, womit wir auch die Frage 2 beantwortet haben: F_n wächst wie $\frac{\tau^n}{\sqrt{5}}$, genauer ist F_n die nächste ganze Zahl an $\frac{\tau^n}{\sqrt{5}}$.
Ferner haben wir

$$\frac{F_{n+1}}{F_n} = \frac{\tau^{n+1} - \rho^{n+1}}{\tau^n - \rho^n} = \frac{\tau}{1 - (\tfrac{\rho}{\tau})^n} + \frac{\rho}{1 - (\tfrac{\tau}{\rho})^n} \xrightarrow{n \to \infty} \tau. \tag{2}$$

Wir wollen uns nun die Folge der Brüche $\frac{F_{n+1}}{F_n}$ näher ansehen und (2) nochmals beweisen.
Sei $A = \begin{pmatrix} 1 & 1 \\ 1 & 0 \end{pmatrix}$.

Behauptung. $A^n = \begin{pmatrix} F_{n+1} & F_n \\ F_n & F_{n-1} \end{pmatrix}$.

Dies stimmt für $n = 1$, und mit Induktion erhalten wir

$$A^{n+1} = \begin{pmatrix} F_{n+1} & F_n \\ F_n & F_{n-1} \end{pmatrix} \begin{pmatrix} 1 & 1 \\ 1 & 0 \end{pmatrix} = \begin{pmatrix} F_{n+2} & F_{n+1} \\ F_{n+1} & F_n \end{pmatrix}.$$

Wenden wir den Produktsatz für Determinanten an: $\det A^n = (\det A)^n$, so erhalten wir

$$F_{n+1}F_{n-1} - F_n^2 = (-1)^n$$

und somit

$$\frac{F_{n+1}}{F_n} - \frac{F_n}{F_{n-1}} = \frac{(-1)^n}{F_n F_{n-1}}. \tag{3}$$

Dies wiederum ergibt

$$\frac{F_{2k}}{F_{2k-1}} < \frac{F_{2k-1}}{F_{2k-2}}, \frac{F_{2k+1}}{F_{2k}} \qquad (k \geq 1).$$

Die ersten Glieder sind

$$\frac{F_2}{F_1} = \frac{1}{1} < \frac{F_3}{F_2} = \frac{2}{1} > \frac{F_4}{F_3} = \frac{3}{2} < \frac{F_5}{F_4} = \frac{5}{3} > \dots$$

Nun betrachten wir die Teilfolgen $\left(\frac{F_{2k}}{F_{2k-1}}\right)$ und $\left(\frac{F_{2k+1}}{F_{2k}}\right)$ einzeln.

Übung 2. *Zeige*

$$1 = \frac{F_2}{F_1} < \frac{F_4}{F_3} < \frac{F_6}{F_4} < \dots \text{ bzw. } \dots < \frac{F_7}{F_6} < \frac{F_5}{F_4} < \frac{F_3}{F_2} = 2.$$

Ferner ist

$$\frac{F_{2k}}{F_{2k-1}} < \frac{F_{2j+1}}{F_{2j}} \text{ für alle } k, j \geq 1$$

wegen

$$\frac{F_{2k}}{F_{2k-1}} < \frac{F_{2k+2j+2}}{F_{2k+2j+1}} < \frac{F_{2k+2j+1}}{F_{2k+2j}} < \frac{F_{2j+1}}{F_{2j}}.$$

Also konvergieren $\left(\frac{F_{2k}}{F_{2k-1}}\right) \to \alpha$ und $\left(\frac{F_{2k+1}}{F_{2k}}\right) \to \beta$, und wegen (3) ist $\alpha = \beta$.

Somit existiert $\lim \frac{F_{n+1}}{F_n} = \alpha$. Und was ist α? Aus der definierenden Gleichung $F_{n+1} = F_n + F_{n-1}$ erhalten wir

$$\frac{F_{n+1}}{F_n} = 1 + \frac{F_{n-1}}{F_n}$$
$$n \to \infty \Big\downarrow$$
$$\alpha = 1 + \frac{1}{\alpha},$$

das heißt $\alpha^2 = \alpha + 1$ und somit $\alpha = \tau$, da $\frac{F_{n+1}}{F_n}$ positiv ist.

In Kapitel 3 werden wir sehen, dass $\left(\frac{F_{n+1}}{F_n}\right)$ die „beste" approximierende Folge von rationalen Zahlen zum goldenen Schnitt $\tau = \frac{1+\sqrt{5}}{2}$ ist.

Übung 3. *Zeige $F_{n+1}^2 - F_{n+1}F_n - F_n^2 = (-1)^n$ und beweise umgekehrt, dass aus $|m^2 - mk - k^2| = 1$ für $m, k \in \mathbb{Z}$ folgt $\{m, k\} = \{\pm F_{n+1}, \pm F_n\}$ für ein n.*

Hinweis: Mit $\{m, k\}$ ist auch $\{k, m - k\}$ ein mögliches Paar.

Nun zur Frage 3 der Teilbarkeit. Zunächst haben wir aus der Rekursion und Induktion

$$\mathrm{ggT}(F_n, F_{n+1}) = \mathrm{ggT}(F_n, F_{n+2}) = 1 \qquad (n \geq 1).$$

Aus der Liste der ersten Zahlen sehen wir zum Beispiel, dass $F_3 = 2$ die Zahlen $F_6 = 8, F_9 = 34, F_{12} = 144, F_{15} = 610$ teilt und $F_4 = 3$ die Zahlen $F_8 = 21, F_{12} = 144$. Dies sollte den folgenden Satz nahelegen, dem wir eine Übung vorausschicken.

Übung 4. *Für alle $m, k \geq 1$ gilt $F_{m+k} = F_{k+1}F_m + F_k F_{m-1}$.* \qquad (4)

Hinweis: Induktion.

Satz 1.1. *Es gilt $F_m \big| F_n \Longleftrightarrow m \big| n$ $(m, n \geq 3)$.*

Beweis. Sei $n = km$. Dann haben wir nach (4)

$$F_{km} = F_{(k-1)m+1}F_m + F_{(k-1)m}F_{m-1}.$$

Mit Induktion gilt $F_m \big| F_{(k-1)m}$ und somit $F_m \big| F_{km}$. Nun sei umgekehrt $F_m \big| F_n$. Wegen $m, n \geq 3$ haben wir $2 \leq F_m \leq F_n$, $m \leq n$; es sei $n = qm + r$, $0 \leq r < m$. Nach (4) gilt

$$F_n = F_{n-m+1}F_m + F_{n-m}F_{m-1} \qquad (5)$$

und somit $F_m \big| F_{n-m}$, da F_m, F_{m-1} teilerfremd sind. Im nächsten Schritt sehen wir $F_m \big| F_{n-2m}$, und schließlich

$$F_m \big| F_{n-qm} = F_r.$$

Da aber $F_r < F_m$ ist, muß $F_r = 0$ sein, das heißt $r = 0$ und dies bedeutet $m \big| n$. $\qquad \square$

Übung 5. *Zeige $\mathrm{ggT}(F_m, F_n) = F_{\mathrm{ggT}(m,n)}$.*

Hinweis. Euklidischer Algorithmus.

Wir kommen zur letzten und interessantesten Frage. Gibt es zu einer Primzahl p stets eine Fibonacci Zahl F_n, die ein Vielfaches von p ist? Wenn die Primzahl p in der Fibonacciliste auftaucht, dann liefert unser Satz eine vollständige Antwort:

Sei $p = F_m$, dann gilt $p \,|\, F_n \iff m \,|\, n$. Zum Beispiel haben wir

$$2 \,\big|\, F_n \iff 3 \,\big|\, n$$
$$3 \,\big|\, F_n \iff 4 \,\big|\, n$$
$$5 \,\big|\, F_n \iff 5 \,\big|\, n.$$

Aber was ist mit Primzahlen, zum Beispiel 7 oder 11, die nicht in der Liste erscheinen? Wir sehen, dass 7 ein Teiler von $F_8 = 21$ ist und 11 ein Teiler von $F_{10} = 55$, und für 17 erhält man $17 \,|\, F_{18} = 2584$. Die Primzahl p scheint also mit dem Index n von F_n zusammen zu hängen, er ist $p + 1$ für $p = 7, 17$ und $p - 1$ für $p = 11$. Und dies gilt tatsächlich immer.

Satz 1.2. *Sei $p > 5$ Primzahl. Dann gilt*

$$p \,\big|\, F_{p-1} \quad \textit{falls } p \equiv 1, 4 \pmod 5$$
$$p \,\big|\, F_{p+1} \quad \textit{falls } p \equiv 2, 3 \pmod 5.$$

Beweis. Wir verwenden die Formel aus Übung 1:

$$F_n = \frac{1}{2^{n-1}} \sum_{i \geq 0} \binom{n}{2i+1} 5^i.$$

Für $n = p - 1$ erhalten wir

$$2^{p-2} F_{p-1} = \binom{p-1}{1} + \binom{p-1}{3} 5 + \cdots + \binom{p-1}{p-2} 5^{\frac{p-3}{2}}.$$

Jeder Binomialkoeffizient $\binom{p-1}{k}$ ist kongruent $\frac{(-1)(-2)\cdots(-k)}{1 \cdot 2 \cdots k} \equiv (-1)^k \pmod p$, somit $\binom{p-1}{2i+1} \equiv (-1)^{2i+1} \equiv -1 \pmod p$. Für die rechte Seite gilt somit

$$\sum_{i \geq 0} \binom{p-1}{2i+1} 5^i \equiv -(5^0 + 5^1 + \cdots + 5^{\frac{p-3}{2}}) = -\frac{5^{\frac{p-1}{2}} - 1}{4} \pmod p,$$

also

$$-2^p F_{p-1} \equiv 5^{\frac{p-1}{2}} - 1 \pmod p. \tag{6}$$

Für $n = p + 1$ erhalten wir analog

$$2^p F_{p+1} = \binom{p+1}{1} + \binom{p+1}{3} 5 + \cdots + \binom{p+1}{p} 5^{\frac{p-1}{2}}.$$

Hier ist jeder Binomialkoeffizient $\binom{p+1}{2i+1} \equiv 0 \pmod{p}$ für $1 \le i \le \frac{p-3}{2}$ (da p im Zähler des Binomialkoeffizienten vorkommt, aber nicht im Nenner), und wir erhalten

$$2^p F_{p+1} \equiv (p+1) + (p+1)5^{\frac{p-1}{2}} \equiv 5^{\frac{p-1}{2}} + 1 \pmod{p}. \tag{7}$$

Nun verwenden wir den Satz von Fermat, den wir im nächsten Kapitel beweisen werden: Für alle a teilerfremd zu p gilt

$$a^{p-1} - 1 \equiv 0 \pmod{p}.$$

Die linke Seite faktorisieren wir

$$(a^{\frac{p-1}{2}} - 1)(a^{\frac{p-1}{2}} + 1) \equiv 0 \pmod{p}.$$

Also gilt immer

$$a^{\frac{p-1}{2}} - 1 \equiv 0 \pmod{p} \quad \text{oder} \quad a^{\frac{p-1}{2}} + 1 \equiv 0 \pmod{p},$$

das heißt

$$p \,\big|\, a^{\frac{p-1}{2}} - 1 \quad \text{oder} \quad p \,\big|\, a^{\frac{p+1}{2}} - 1.$$

Setzen wir $a = 5$ und sehen uns (6) und (7) an, so erkennen wir, dass stets $p \,\big|\, F_{p-1}$ oder $p \,\big|\, F_{p+1}$ gilt, da p zu 2 teilerfremd ist. Aber wann gilt welcher Fall? Dies werden wir im nächsten Kapitel beantworten, wenn wir das berühmte quadratische Rezipozitätsgesetz von Gauß besprechen. Die Antwort wird sein:

$$5^{\frac{p-1}{2}} - 1 \equiv 0 \pmod{p} \iff p \equiv 1,4 \pmod{5}$$
$$5^{\frac{p-1}{2}} + 1 \equiv 0 \pmod{p} \iff p \equiv 2,3 \pmod{5},$$

und damit wird der Satz bewiesen sein. $\qquad\qquad\square$

Bemerkung. Allgemeine Rekursionsfolgen mit $L_0 = a$, $L_1 = b$ und $L_n = P \cdot L_{n-1} + Q \cdot L_{n-2}$ ($n \ge 2$) heißen *Lucas Folgen*. Sie können mit ähnlichen Methoden behandelt werden.

Übung 6. *Das Fibonacci Zahlensystem. Zeige, dass jede Zahl n eindeutig als Summe $n = F_{k_1} + F_{k_2} + \cdots + F_{k_t}$ mit $k_i \ge k_{i+1} + 2$, $k_t \ge 2$ dargestellt werden kann. Beispiel: $30 = 21 + 8 + 1$.*

Übung 7. *Die Lucas Zahl ist $L_n = F_{n-1} + F_{n+1}$. Zeige $F_{2n} = F_n L_n$ und drücke L_n durch $\tau = \frac{1+\sqrt{5}}{2}$ und $\rho = \frac{1-\sqrt{5}}{2}$ aus.*

1.2 Das Pascalsche Dreieck

Aus der Schule kennt man das Pascalsche Dreieck, gebildet aus den Binomialzahlen $\binom{n}{k}$ mit der Rekursion

$$\binom{n}{0} = 1, \quad \binom{n}{k} = \binom{n-1}{k-1} + \binom{n-1}{k}.$$

Hier sind die ersten Zeilen und Spalten, wobei wir die Nullen (für $k > n$) weglassen.

	k								
	0	1	2	3	4	5	6	7	8
0	1								
1	1	1							
2	1	2	1						
3	1	3	3	1					
4	1	4	6	4	1				
5	1	5	10	10	5	1			
6	1	6	15	20	15	6	1		
7	1	7	21	35	35	21	7	1	
8	1	8	28	56	70	56	28	8	1

(Der Zeilenindex n steht links neben der Tabelle.)

Formeln, die die Binomialkoeffizienten verknüpfen, füllen ganze Bücher. Zum Beispiel:

- $\displaystyle\sum_{k=0}^{n} \binom{n}{k} x^k y^{n-k} = (x + y)^n$ Binomialsatz

- $\displaystyle\sum_{k=0}^{n} \binom{n}{k} = 2^n$ Summe einer Zeile

- $\displaystyle\sum_{k=0}^{m} (-1)^k \binom{n}{k} = (-1)^m \binom{n-1}{m}$ alternierende Summe

  insbesondere $\displaystyle\sum_{k=0}^{n} (-1)^k \binom{n}{k} = 0 \; (n \geq 1)$

- $\displaystyle\sum_{n=0}^{m} \binom{n}{k} = \binom{m+1}{k+1}$ Summe einer Spalte

- $\displaystyle\sum_{k=0}^{m} \binom{n+k}{k} = \binom{n+m+1}{m}$ Diagonale nach rechts unten.

Übung 8. *Zeige für die Diagonale nach links unten:*

$\sum_{k \geq 0} \binom{n-k}{k} = F_{n+1}$ *(Fibonacci Zahl).*

Übung 9. *Für welche n und k ist $\binom{n}{k}$ Primzahl?*

Übung 10. *Es sei $a_n = \frac{1}{\binom{n}{0}} + \frac{1}{\binom{n}{1}} + \cdots + \frac{1}{\binom{n}{n}}$. Zeige, dass $a_n = \frac{n+1}{2n} a_{n-1} + 1$ ist und bestimme daraus $\lim a_n$ (falls der Grenzwert existiert).*

Hinweis: Zeige, dass $a_n > 2 + \frac{2}{n}$ und $a_{n+1} < a_n$ ist für $n \geq 4$. Verwende $\binom{n}{k} = \frac{n}{k}\binom{n-1}{k-1}$.

Interessant ist das folgende Problem: Wann ist $\binom{n}{2}$ ein Quadrat? Natürlich ist $\binom{2}{2} = 1$, und die nächsten Quadrate sind $\binom{9}{2} = 36$ und $\binom{50}{2} = 25 \cdot 49 = 35^2$.

Es sei $\binom{n}{2} = m^2$, das heißt $n(n-1) = 2m^2$. Da $\text{ggT}(n, n-1) = 1$ ist, haben wir zwei Möglichkeiten: $2 \mid n-1$ oder $2 \mid n$. Im ersten Fall haben wir $n\frac{n-1}{2} = m^2$, also $n = x^2$, $\frac{n-1}{2} = y^2$, das heißt (x, y) ist ganzzahlige Lösung der Gleichung

$$x^2 - 2y^2 = 1. \tag{1}$$

Ist umgekehrt $(x, y) \in \mathbb{N}^2$ Lösung von (1), so gilt mit $n = x^2$, $n - 1 = 2y^2$, dass $\binom{n}{2} = \frac{n(n-1)}{2} = (xy)^2$ ein Quadrat ist.

Im zweiten Fall haben wir $n = 2y^2$, $n - 1 = x^2$ und die Quadrate $\binom{n}{2}$ korrespondieren zu den Lösungen

$$x^2 - 2y^2 = -1. \tag{2}$$

Die kleinste nichttriviale Lösung von (1) ist $x = 3$, $y = 2$ und wir erhalten $n = 9$ mit $\binom{9}{2} = 6^2$. Für (2) ist $x = 1$, $y = 1$ die kleinste Lösung mit $n = 2$, und $x = 7$, $y = 5$ ist die nächste Lösung mit $n = 50$ und $\binom{50}{2} = 35^2$.

Die Gleichung $x^2 - 2y = \pm 1$ ist ein Spezialfall der sogenannten *Pellschen Gleichung* $x^2 - dy^2 = \pm 1$, die wir im Detail in Kapitel 3 studieren und vollkommen lösen werden.

Übung 11. *Sei $(3 + 2\sqrt{2})^n = x_n + y_n\sqrt{2}$. Zeige, dass (x_n, y_n) stets Lösung der Gleichung $x^2 - 2y^2 = 1$ ist. Beispiel: $(3 + 2\sqrt{2})^2 = 17 + 12\sqrt{2}$ und $17^2 - 2 \cdot 12^2 = 1$.*

Hinweis: Für $\alpha = a + b\sqrt{2}$ sei $\overline{\alpha} = a - b\sqrt{2}$. Zeige nun $\overline{\alpha\beta} = \overline{\alpha}\overline{\beta}$.

Wir sehen nochmals das Pascalsche Dreieck an und stellen die Frage, welche Binomialkoeffizienten gerade und welche ungerade sind. Zum Beispiel sehen wir, dass für $n = 2^a$ alle $\binom{n}{k}$, $0 < k < n$, gerade sind. Gilt dies immer? Eine weitere Beobachtung: Die Anzahl der *ungeraden* Binomialkoeffizienten in einer Zeile ist immer eine Potenz von 2. Gilt dies immer, und wenn ja, welche Potenz 2^m? Schließlich erkennt man in einem größeren Ausschnitt des Pascalschen Dreieckes, dass die geraden Zahlen in regelmäßigen, sich selbst wiederholenden Dreiecken erscheinen. In der Figur sind die geraden Zahlen mit 0, die ungeraden mit 1 bezeichnet.

	0	1	2	3	4	5	6	7	8	9	10	11	12	13	14	15
0	0															
1	1	1														
2	1	0	1													
3	1	1	1	1												
4	1	0	0	0	1											
5	1	1	0	0	1	1										
6	1	0	1	0	1	0	1									
7	1	1	1	1	1	1	1	1								
8	1	0	0	0	0	0	0	0	1							
9	1	1	0	0	0	0	0	0	1	1						
10	1	0	1	0	0	0	0	0	1	0	1					
11	1	1	1	1	0	0	0	0	1	1	1	1				
12	1	0	0	0	1	0	0	0	1	0	0	0	1			
13	1	1	0	0	1	1	0	0	1	1	0	0	1	1		
14	1	0	1	0	1	0	1	0	1	0	1	0	1	0	1	
15	1	1	1	1	1	1	1	1	1	1	1	1	1	1	1	1

Wir wollen nun alle Beobachtungen bestätigen, und allgemein die Teilbarkeit von $\binom{n}{k}$ durch eine beliebige Primzahl p untersuchen.

Behauptung.   Es ist $\frac{n}{\mathrm{ggT}(n,k)} \Big| \binom{n}{k}$ *für* $k > 0$.

Aus $\binom{n}{k} = \frac{n}{k}\binom{n-1}{k-1}$ folgt $n\big|k\binom{n}{k}$ und somit $\frac{n}{\mathrm{ggT}(n,k)} \Big| \frac{k}{\mathrm{ggT}(n,k)} \binom{n}{k}$. Da $\frac{n}{\mathrm{ggT}(n,k)}$ und $\frac{k}{\mathrm{ggT}(n,k)}$ teilerfremd sind, erhalten wir die Behauptung.

Ist insbesondere $n = p^r$ und $0 < i < p^r$, so gilt $\mathrm{ggT}(p^r, i) < p^r$, und somit $\frac{p^r}{\mathrm{ggT}(p^r,i)} \equiv 0 \pmod{p}$, das heißt

$$\binom{p^r}{i} \equiv 0 \pmod{p} \quad \text{für} \quad 0 < i < p^r. \tag{3}$$

Dies bestätigt unsere erste Vermutung, indem wir $p = 2$ setzen.

Mit dieser Vorbereitung können wir einen erstaunlichen Satz von Lucas beweisen. Wir schreiben n und k in der p-ären Darstellung

$$n = \sum_{r=0}^{t} n(r)p^r, \quad k = \sum_{r=0}^{t} k(r)p^r,$$

mit $0 \leq n(r), k(r) \leq p - 1$ für alle r.

Satz 1.3 (Lucas). *Es gilt*

$$\binom{n}{k} \equiv \binom{n(t)}{k(t)} \binom{n(t-1)}{k(t-1)} \cdots \binom{n(0)}{k(0)} \pmod{p}. \tag{4}$$

Beweis. Aus (3) folgt

$$(1+x)^{p^r} = \sum_{i=0}^{p^r} \binom{p^r}{i} x^i \equiv 1 + x^{p^r} \pmod{p}.$$

Somit ist

$$\sum_{k=0}^{n} \binom{n}{k} x^k = (1+x)^n = \prod_{r=0}^{t} \left((1+x)^{p^r} \right)^{n(r)}$$

$$\equiv \prod_{r=0}^{t} (1 + x^{p^r})^{n(r)} = \prod_{r=0}^{t} \left[\sum_{s_r=0}^{n(r)} \binom{n(r)}{s_r} x^{s_r p^r} \right] \pmod{p}.$$

Multiplizieren wir das letzte Produkt aus, so erhalten wir Terme der Form $\prod_{r=0}^{t} \binom{n(r)}{s_r}$ $x^{s_0 + s_1 p + \cdots + s_t p^t}$. Da nach Definition $0 \le s_r \le n(r)$ ist, so ist der Exponent von x zwischen 0 und n. Zusammenfassen der Koeffizienten ergibt

$$\prod_{r=0}^{t} \left[\sum_{s_r=0}^{n(r)} \binom{n(r)}{s_r} x^{s_r p^r} \right] = \sum_{k=0}^{n} \left[\sum_{s_0 + s_1 p + \cdots + s_t p^t = k} \prod_{r=0}^{t} \binom{n(r)}{s_r} \right] x^k,$$

und somit

$$\sum_{k=0}^{n} \binom{n}{k} x^k \equiv \sum_{k=0}^{n} \left[\sum_{s_0 + s_1 p + \cdots + s_t p^t = k} \prod_{r=0}^{t} \binom{n(r)}{s_r} \right] x^k \pmod{p}.$$

Im Körper $\mathbb{Z}_p$ stimmen also alle Koeffizienten überein, und wir erhalten

$$\binom{n}{k} \equiv \sum_{s_0 + s_1 p + \cdots + s_t p^t = k} \prod_{r=0}^{t} \binom{n(r)}{s_r} \pmod{p}. \tag{5}$$

Wegen der Eindeutigkeit der p–ären Darstellung gibt es nur eine mögliche Kombination $s_0 + s_1 p + \cdots + s_t p^t = k$, nämlich $s_r = k(r)$. Das heißt: Sind alle $k(r) \le n(r)$, so folgt

$$\binom{n}{k} \equiv \prod_{r=0}^{t} \binom{n(r)}{k(r)} \pmod{p}$$

wie gewünscht, und ist $k(r) > n(r)$ für ein r, so ist die Summe in (5) leer, also 0, und ebenso $\binom{n(r)}{k(r)} = 0$, also das Produkt in (4) gleich 0. $\qquad\square$

Insbesondere haben wir gezeigt, dass im Fall $k(r) > n(r)$ für ein r stets $\binom{n}{k} \equiv 0$ (mod p) gilt.

Nun wollen wir unsere Ergebnisse auf $p = 2$ anwenden.

Übung 12. *Zeige: Die Anzahl der ungeraden Koeffizienten $\binom{n}{k}$ in der n-ten Zeile ist 2^b, wobei b die Anzahl der Einsen in der Binärdarstellung von n ist. Für welche n sind alle $\binom{n}{k}$ ungerade?*

Hinweis: Satz 1.3 mit $p = 2$.

Schließlich leiten wir das Dreiecksmuster der geraden Zahlen aus dem Satz ab.

Behauptung. Sei $n < 2^a$, dann gilt $\binom{n}{k} \equiv \binom{n+2^a}{k}$ (mod 2) für alle k, $0 \le k \le n$.

Sei $n = \sum_{i=0}^{a-1} n(i)2^i$, $k = \sum_{i=0}^{a-1} k(i)2^i$, dann gilt wegen $\binom{1}{0} = 1$

$$\binom{2^a + n}{k} \equiv \binom{1}{0}\binom{n(a-1)}{k(a-1)} \cdots \binom{n(0)}{k(0)} \equiv \binom{n}{k} \quad \text{(mod 2)}.$$

Natürlich ist $\binom{2^a+n}{2^a+k} = \binom{2^a+n}{n-k} \equiv \binom{n}{n-k} = \binom{n}{k}$ für $0 \le k \le n$. Es bleiben die Zahlen $\binom{2^a+r}{k}$ mit $r+1 \le k \le 2^a - 1$, $r < 2^a$, und die sind alle *gerade*. Wir müssen dies nur für $r = 0$ nachprüfen, der Rest folgt dann aus der Binomialrekursion. Für $n = 2^a$, $1 \le k \le 2^a - 1$ haben wir aber schon in (3) gesehen, dass $\binom{2^a}{k} \equiv 0$ (mod 2) ist.

Im nächsten Kapitel werden wir noch genauere Aussagen benötigen. Was ist die größte Potenz p^ℓ, $p \in \mathbb{P}$, die $\binom{n}{k}$ teilt? Für eine beliebige Zahl m und $p \in \mathbb{P}$ bezeichnen wir diesen Exponenten ℓ mit $e_p(m)$. Da $\binom{n}{k} = \frac{n!}{k!(n-k)!}$ ist, so gilt $e_p(\binom{n}{k}) = e_p(n!) - e_p(k!) - e_p((n-k)!)$, also müssen wir $e_p(n!)$ berechnen. Dazu gibt es eine Formel von Legendre:

$$e_p(n!) = \lfloor \frac{n}{p} \rfloor + \lfloor \frac{n}{p^2} \rfloor + \lfloor \frac{n}{p^3} \rfloor + \cdots \tag{6}$$

Dies ist leicht zu sehen: $p, 2p, \ldots, \lfloor \frac{n}{p} \rfloor p$ sind die Vielfachen von p, die kleiner oder gleich n sind. Dann müssen wir die Vielfachen von p^2 nehmen, usf. Somit haben wir

$$e_p\left(\binom{n}{k}\right) = \sum_{i \ge 1}\left(\lfloor \frac{n}{p^i} \rfloor - \lfloor \frac{k}{p^i} \rfloor - \lfloor \frac{n-k}{p^i} \rfloor\right). \tag{7}$$

Übung 13. *Zeige:* $e_p(n!) = (n - \sum_{i=0}^{t} n(i))/(p-1)$ *und daraus* $e_p(\binom{n}{k}) = \sum_{i \geq 0}(k(i) + (n-k)(i) - n(i))/(p-1)$ *wobei* $n(i), k(i), (n-k)(i)$ *die p-ären Darstellungen sind.*

Hinweis. Drücke (6) in der p-ären Darstellung aus.

1.3 e, π und andere Zahlen

Die klassische (elementare) Zahlentheorie beschäftigt sich mit der Menge $\mathbb{Z}$ der *ganzen Zahlen.* $\mathbb{P}$ sei die Menge der *Primzahlen.* Rationale Zahlen werden wie üblich mit $\frac{p}{q}$, $p, q \in \mathbb{Z}$ bezeichnet, wobei wir stets $q > 0$ annehmen und meist, dass $\frac{p}{q}$ in gekürzter Form vorliegt, das heißt $\mathrm{ggT}(p,q) = 1$. $\mathbb{Q}$ ist die Menge der rationalen Zahlen, $\mathbb{R}$ die Menge der reellen Zahlen.

Frage: Wie stellt man *irrationale* reelle Zahlen α dar?

Dazu gibt es mehrere Möglichkeiten. Zum Beispiel:

- in der (unendlichen) Dezimaldarstellung

- als Grenzwert $\alpha = \lim_{n \to \infty} a_n$, $a_n \in \mathbb{Q}$

- als unendliche Summe $\alpha = \sum_{n=0}^{\infty} a_n$, $a_n \in \mathbb{Q}$

- als unendliches Produkt $\alpha = \prod_{n=1}^{\infty} a_n$, $a_n \in \mathbb{Q}$

- als Nullstelle einer Gleichung

- als bestimmtes Integral

- als Kettenbruch (siehe die Beispiele)

- als spezielle Konstanten.

Beispiel. $e = 2{,}71828182\ldots$

Die Funktion $x \mapsto \log x = \int_1^x \frac{dt}{t}$ bildet $\mathbb{R}_{>0}$ bijektiv auf $\mathbb{R}$ ab. Also gibt es genau einen Wert x_0 mit $\log x_0 = 1$, und das ist e.

Aus der Analysis wissen wir

$$e = \lim_{n \to \infty}(1 + \frac{1}{n})^n, \quad e = \sum_{n=0}^{\infty} \frac{1}{n!}.$$

In Kapitel 3 werden wir die bemerkenswerte Kettenbruchdarstellung (von Euler) nachweisen: $e = [2, 1, 2, 1, 1, 4, 1, 1, 6, 1, 1, 8, 1, \ldots]$.

Dies bedeutet: $e = 2 + \cfrac{1}{1 + \cfrac{1}{2 + \cfrac{1}{1 + \cfrac{1}{1 + \cdots}}}}$

Beispiel. $\pi = 3,14159265\ldots$

Geometrisch ist π als $\pi = \dfrac{\text{Umfang}}{\text{Durchmesser}}$ eines Kreises definiert. Aus der Analysis kennen wir die Leibniz Reihe

$$\frac{\pi}{4} = 1 - \frac{1}{3} + \frac{1}{5} - \frac{1}{7} + \frac{1}{9} \mp \cdots$$

Weniger bekannt sind zwei unglaubliche Produkte:

$$\frac{2}{\pi} = \sqrt{\frac{1}{2}} \cdot \sqrt{\frac{1}{2} + \frac{1}{2}\sqrt{\frac{1}{2}}} \cdot \sqrt{\frac{1}{2} + \frac{1}{2}\sqrt{\frac{1}{2} + \frac{1}{2}\sqrt{\frac{1}{2}}}} \cdots \qquad \text{(Vieta 1593)}$$

$$\frac{\pi}{2} = \frac{2 \cdot 2}{1 \cdot 3} \cdot \frac{4 \cdot 4}{3 \cdot 5} \cdot \frac{6 \cdot 6}{5 \cdot 7} \cdot \frac{8 \cdot 8}{7 \cdot 9} \cdots \qquad \text{(Wallis 1655)}$$

Auch für π gibt es Kettenbruchdarstellungen wie

$$\frac{4}{\pi} = 1 + \cfrac{1^2}{2 + \cfrac{3^2}{2 + \cfrac{5^2}{2 + \cfrac{7^2}{2 + \cdots}}}}$$

oder die phantastische Formel von Ramanujan:

$$\frac{1}{\pi} = \sum_{n=0}^{\infty} \binom{2n}{n}^3 \frac{42n + 5}{2^{12n+4}}.$$

Und schließlich kommen natürlich auch die Fibonacci Zahlen vor: Es gilt

$$\pi = \lim_{n \to \infty} \sqrt{\frac{6 \log F_1 F_2 \cdots F_n}{\log \mathrm{kgV}(F_1, \ldots, F_n)}}. \qquad \text{(Matiyasevich)}$$

Übung 14. *Zeige für $n \in \mathbb{N}$: $\sqrt{n} \in \mathbb{Q} \Longleftrightarrow n$ ist Quadrat.*

Übung 15. *Zeige, dass $(1 + \sqrt{3})^{2n+1} + (1 - \sqrt{3})^{2n+1}$ für jedes $n \geq 0$ eine natürliche Zahl darstellt.*

Hinweis: Binomialsatz. Da $0 < |1 - \sqrt{3}| < 1$ ist, muss also $-(1 - \sqrt{3})^{2n+1}$ der Anteil nach dem Komma von $(1 + \sqrt{3})^{2n+1}$ sein. Folgere daraus, dass der ganzzahlige Teil von $(1 + \sqrt{3})^{2n+1}$ stets 2^{n+1} als Faktor enthält.

Frage. Sind e und π irrational?

Dieses Problem hat die Mathematiker von Anbeginn an beschäftigt. Die Irrationalität von e wurde 1737 von Euler bewiesen, jene von π 1761 von Lambert. Wir zeigen die Irrationalität von e und verschieben den (deutlich schwierigeren) Beweis für π auf Kapitel 5.

Satz 1.4. *e ist irrational.*

Beweis. Angenommen $e = \frac{p}{q}$, $p, q \in \mathbb{N}$. Sei $n \geq q$, dann gilt $n!e \in \mathbb{N}$, also

$$n!e = n! \sum_{k=0}^{n} \frac{1}{k!} + n! \sum_{k=n+1}^{\infty} \frac{1}{k!} \in \mathbb{N}.$$

Der erste Summand ist ebenfalls in $\mathbb{N}$, also muß es auch der zweite sein. Nun haben wir aber

$$0 < n! \sum_{k=n+1}^{\infty} \frac{1}{k!} = \frac{1}{n+1} + \frac{1}{(n+1)(n+2)} + \frac{1}{(n+1)(n+2)(n+3)} + \cdots$$

$$< \frac{1}{n+1} + \frac{1}{(n+1)^2} + \frac{1}{(n+1)^3} + \cdots = \frac{1}{n+1} \frac{1}{1 - \frac{1}{n+1}} = \frac{1}{n} \leq 1,$$

Widerspruch. $\qquad\qquad\square$

Diese Methode lässt sich natürlich verallgemeinern:

Übung 16. *Sei (c_n) eine Folge positiver reeller Zahlen mit $\liminf c_n = 0$, $\alpha \in \mathbb{R}$. Angenommen für $n \geq N$ existieren stets $a_n, b_n \in \mathbb{Z}$ mit $0 < |b_n \alpha - a_n| \leq c_n$, dann ist α irrational.*

Übung 17. *Sei $\mathbb{P} = \{p_1 < p_2 < p_3 < \cdots\}$ die Menge der Primzahlen. Dann ist $\alpha = \sum_{k=1}^{\infty} \frac{1}{p_1 p_2 \cdots p_k}$ irrational.*

Hinweis: Übung 16.

Zum Schluss wollen wir zwei bemerkenswerte Formeln für π besprechen und heuristisch begründen, und schließlich die wahrscheinlich bedeutendste Arbeit von Gauß zu π besprechen.

Zunächst Vietas Produktformel

$$\frac{2}{\pi} = \sqrt{\frac{1}{2}} \cdot \sqrt{\frac{1}{2} + \frac{1}{2}\sqrt{\frac{1}{2}}} \cdots$$

Zeichne einen Kreis vom Radius 1, und somit Umfang 2π. In den Kreis schreiben wir sukzessive reguläre Polygone P_n mit 2^n Seiten ein, deren Umfang mit

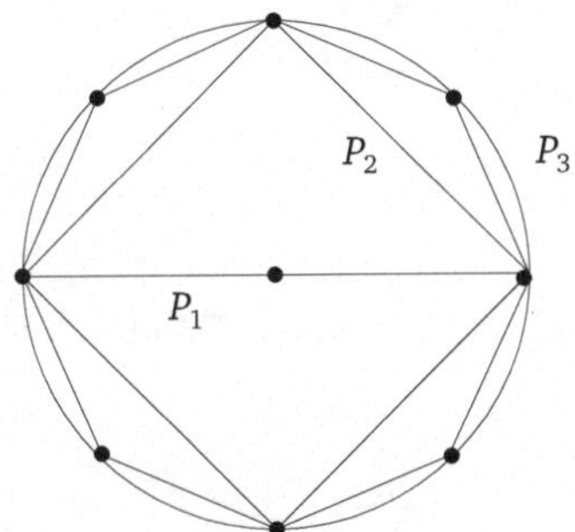

U_n bezeichnet wird. Nun gilt

$$\frac{U_1}{U_2} = \frac{4}{4\sqrt{2}} = \sqrt{\frac{1}{2}}, \qquad \frac{U_2}{U_3} = \sqrt{\frac{1}{2} + \frac{1}{2}\sqrt{\frac{1}{2}}}, \cdots$$

Also gilt

$$\frac{U_1}{U_2} \cdot \frac{U_2}{U_3} \cdot \frac{U_3}{U_4} \cdots = \frac{U_1}{U_\infty} = \frac{4}{2\pi} = \frac{2}{\pi},$$

und dies ist Vietas Formel.

Übung 18. *Zeige die Formel für* $\frac{U_n}{U_{n+1}} = \sqrt{\frac{1}{2} + \frac{1}{2}\sqrt{\frac{1}{2} + \frac{1}{2}\sqrt{\frac{1}{2}}}} \cdots, n$ *Wurzeln.*
Hinweis: Zu zeigen ist $(\frac{U_n}{U_{n+1}})^2 = \frac{1}{2} + \frac{1}{2}\frac{U_{n-1}}{U_n}$. *Sei* d_n *die Länge der Seite des n-Ecks,* $U_n = 2^n d_n$. *Betrachte die entsprechende Rekursion für* d_n.

Übung 19. *Für welche* $n \in \mathbb{N}$ *ist* $\sqrt{n + \sqrt{n + \sqrt{n + \cdots}}}$ *eine ganze Zahl?*
Hinweis: Überlege zunächst, dass der Grenzwert $\lim \sqrt{n + \sqrt{n + \cdots + \sqrt{n}}}$ *existiert.*

Von den vielen Formeln von Euler zu π ist die folgende vielleicht die schönste:

$$\sum_{n=1}^{\infty} \frac{1}{n^2} = \frac{\pi^2}{6}.$$

Euler ging folgendermaßen vor. Zunächst notierte er den bekannten Zusammenhang: Ist

$$g(x) = x^n + a_1 x^{n-1} + \cdots + a_n = (x - \gamma_1)(x - \gamma_2) \cdots (x - \gamma_n)$$

ein komplexes Polynom, so folgt durch Koeffizientenvergleich

$$\sum_{i=1}^{n} \gamma_i = -a_1. \tag{1}$$

Daraus folgerte er: Ist

$$f(x) = 1 + a_1 x + \cdots + a_n x^n = a_n(x - \beta_1) \cdots (x - \beta_n),$$

so gilt

$$\sum_{i=1}^{n} \frac{1}{\beta_i} = -a_1. \tag{2}$$

Das ist leicht zu sehen. Wir setzen $g(x) = x^n f(\frac{1}{x})$, also

$$g(x) = x^n \left(1 + \frac{a_1}{x} + \cdots + \frac{a_n}{x^n} \right) = x^n + a_1 x^{n-1} + \cdots + a_n,$$

und wegen $g(x) = x^n a_n(\frac{1}{x} - \beta_1) \cdots (\frac{1}{x} - \beta_n) = a_n(1 - \beta_1 x) \cdots (1 - \beta_n x)$ sind die Nullstellen von $g(x)$ genau die Reziproken $\frac{1}{\beta_i}$. Somit folgt (2) unmittelbar aus (1).

Euler war nun überzeugt, dass Formel (2) auch für „unendliche" Polynome, das heißt Potenzreihen, gilt. Betrachten wir die übliche Reihenentwicklung von $\sin x$:

$$\sin x = x - \frac{x^3}{3!} + \frac{x^5}{5!} - \frac{x^7}{7!} \pm \cdots = x \left(1 - \frac{x^2}{3!} + \frac{x^4}{5!} - \frac{x^6}{7!} \pm \cdots \right).$$

Die Nullstellen von $\sin x$ sind $0, \pm\pi, \pm 2\pi, \pm 3\pi, \ldots$ Wir kürzen den Faktor x und erhalten

$$1 - \frac{x^2}{3!} + \frac{x^4}{5!} - \frac{x^6}{7!} \pm \cdots = (x - \pi)(x + \pi)(x - 2\pi)(x + 2\pi) \cdots$$

$$= (x^2 - \pi^2)(x^2 - 2^2\pi^2)(x^2 - 3^2\pi^2) \cdots,$$

und mit der Substitution $y = x^2$

$$1 - \frac{y}{3!} + \frac{y^2}{5!} - \frac{y^3}{7!} \pm \cdots = (y - \pi^2)(y - 2^2\pi^2)(y - 3^2\pi^2)\cdots.$$

Mit (2) und $-\frac{1}{3!} = -\frac{1}{6}$ ergibt dies

$$\frac{1}{\pi^2} \sum_{n=1}^{\infty} \frac{1}{n^2} = \frac{1}{6}, \quad \text{also} \quad \sum_{n=1}^{\infty} \frac{1}{n^2} = \frac{\pi^2}{6},$$

voilà.

Nun zu Gauß und π. Mit 14 Jahren studierte Gauß das arithmetisch–geometrische Mittel. Seien $a = a_0$, $b = b_0$ zwei positive reelle Zahlen, mit $a \geq b$. Wir bilden rekursiv die beiden Mittel:

$$a_1 = \frac{a_0 + b_0}{2}, \quad b_1 = \sqrt{a_0 b_0}$$

und allgemein

$$a_{n+1} = \frac{a_n + b_n}{2}, \quad b_{n+1} = \sqrt{a_n b_n}.$$

Aus der bekannten Ungleichung vom arithmetischen-geometrischen Mittel

$$b \leq \sqrt{ab} \leq \frac{a + b}{2} \leq a$$

folgt

$$b_0 \leq \cdots \leq b_n \leq b_{n+1} \leq a_{n+1} \leq a_n \leq \cdots \leq a_0.$$

Also streben die Folgen $(a_n), (b_n)$ gegen Grenzwerte α bzw. β. Wegen

$$\begin{aligned}
a_{n+1} - b_{n+1} &= \frac{a_n + b_n}{2} - \sqrt{a_n b_n} = \frac{a_n + b_n - 2\sqrt{a_n b_n}}{2} \\
&= \frac{1}{2} \frac{(a_n + b_n)^2 - 4 a_n b_n}{a_n + b_n + 2\sqrt{a_n b_n}} = \frac{1}{2} \frac{(a_n - b_n)^2}{(\sqrt{a_n} + \sqrt{b_n})^2}
\end{aligned} \tag{3}$$

folgt $\alpha = \beta$, und wir sehen aus (3), dass der Algorithmus quadratisch konvergiert. Der gemeinsame Grenzwert wird mit $\mathrm{AGM}(a, b)$ bezeichnet.

Im Jahr 1799 hatte Gauß durch Ausrechnen bemerkt, dass für $a = \sqrt{2}$, $b = 1$

$$\frac{1}{\mathrm{AGM}(\sqrt{2}, 1)} \quad \text{und} \quad \frac{2}{\pi} \int_0^1 \frac{dt}{\sqrt{1 - t^4}}$$

auf 11 Dezimalstellen übereinstimmen. Er kommentierte in seinem Tagebuch, dass dieser Zusammenhang (den er später bewies) ein neues Gebiet der Analysis eröffnen würde. Tatsächlich bedeutet dies ja, dass das schwierige Integral $\int_0^1 \frac{dt}{\sqrt{1-t^4}}$ durch einen AGM-Algorithmus berechnet werden könnte. Das Gebiet der elliptischen Integrale war begründet.

Warum der Name elliptische Integrale? Will man die *Bogenlänge L* der Ellipse mit Halbachsen a und b berechnen, so kommt man auf ein unangenehmes Integral

$$L = 4 \int_0^{\frac{\pi}{2}} \sqrt{a^2 \cos^2 \vartheta + b^2 \sin^2 \vartheta}\, d\vartheta.$$

In unserem Fall handelt es sich um eine andere Kurve, die sogenannte *elastische Kurve*: Man biegt einen Draht, bis die Enden senkrecht zu einer gedachten Linie stehen.

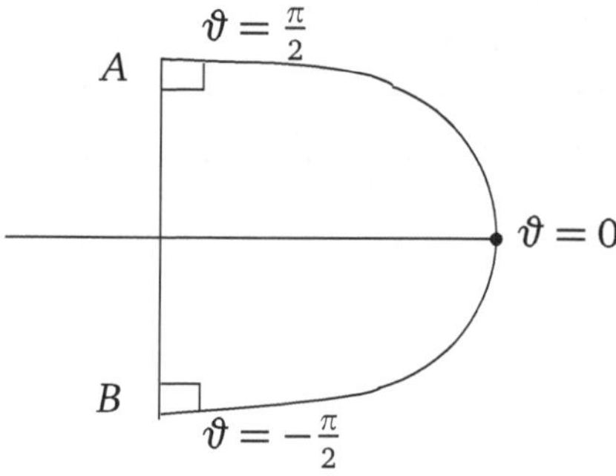

Will man die Bogenlänge von A nach B berechnen, so führt dies im allgemeinen Fall auf ein Integral der Form

$$I(a,b) = \int_{-\frac{\pi}{2}}^{\frac{\pi}{2}} \frac{d\vartheta}{\sqrt{a^2 \cos^2 \vartheta + b^2 \sin^2 \vartheta}} = 2 \int_0^{\frac{\pi}{2}} \frac{d\vartheta}{\sqrt{a^2 \cos^2 \vartheta + b^2 \sin^2 \vartheta}},$$

und dieses Integral wollen wir studieren. Die Substitution $t = b\,\mathrm{tg}\,\vartheta$ führt auf (ausrechnen!)

$$I(a,b) = \int_{-\infty}^{\infty} \frac{dt}{\sqrt{a^2 + t^2}\sqrt{b^2 + t^2}}. \tag{4}$$

Und nun kommt die Pointe: Durch die Substitution $u = \frac{1}{2}(t - \frac{ab}{t})$ erhält man (ausrechnen!)

$$I(a, b) = I\left(\frac{a + b}{2}, \sqrt{ab}\,\right). \tag{5}$$

Formel (5) zeigt, dass das Integral unter der AGM–Rekursion *invariant* bleibt. Für $\alpha = \mathrm{AGM}(a, b)$ gilt somit nach (4)

$$I(a, b) = I(\alpha, \alpha) = \int\limits_{-\infty}^{\infty} \frac{dt}{\alpha^2 + t^2}.$$

Dieses Integral ist aber leicht zu berechnen. Wir haben

$$\int\limits_{-\infty}^{\infty} \frac{dt}{\alpha^2 + t^2} = \frac{1}{\alpha^2} \int\limits_{-\infty}^{\infty} \frac{dt}{1 + (\frac{t}{\alpha})^2}$$

und mit $u = \frac{t}{\alpha}$

$$\int\limits_{-\infty}^{\infty} \frac{dt}{\alpha^2 + t^2} = \frac{1}{\alpha} \int\limits_{-\infty}^{\infty} \frac{du}{1 + u^2} = \frac{1}{\alpha} \left. \mathrm{arctg} u \right|_{-\infty}^{\infty} = \frac{\pi}{\alpha}.$$

In Zusammenfassung haben wir das folgende Resultat bewiesen, das zwei völlig verschiedene Gebiete verbindet:

Satz 1.5. *Es gilt für positive reelle Zahlen a und b*

$$2 \int\limits_{0}^{\frac{\pi}{2}} \frac{d\vartheta}{\sqrt{a^2 \cos^2 \vartheta + b^2 \sin^2 \vartheta}} = \frac{\pi}{\mathrm{AGM}(a, b)}.$$

Setzen wir $a = \sqrt{2}$, $b = 1$, so sieht man mit der Substitution $t = \cos \vartheta$ sofort

$$2 \int\limits_{0}^{\frac{\pi}{2}} \frac{d\vartheta}{\sqrt{2 \cos^2 \vartheta + \sin^2 \vartheta}} = 2 \int\limits_{0}^{1} \frac{dt}{\sqrt{1 - t^4}} = \frac{\pi}{\mathrm{AGM}(\sqrt{2}, 1)}$$

und dies war der Ausgangspunkt von Gauß.

Übung 20.   *Betrachte den Halbkreis auf einer Strecke der Länge 2. Die Länge des Bogens ist also π. Nun unterteilen wir den Bogen wie in der Zeichnung und fahren so fort:*

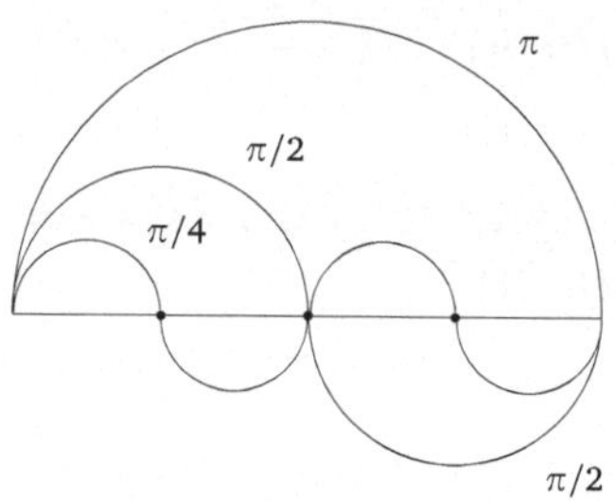

Die Gesamtlänge der Bögen ist stets π. Somit erhalten wir im Grenzwert $\pi = 2$. Was ist hier falsch?

2 Primzahlen

Wieder stellen wir uns einige Fragen:

1. Wie viele Primzahlen gibt es? Wie viele gibt es bis n?

2. Wie erkennt man, ob eine Zahl prim ist?

3. Wo liegen die Primzahlen?

4. Wie erzeugt man Primzahlen?

2.1 Elementare Tatsachen

Wir beginnen mit einem der ältesten mathematischen Sätze, der wohl jedem bekannt ist.

Satz 2.1. *Es gibt unendlich viele Primzahlen.*

1. Beweis (Euklid). Angenommen, es gibt nur endlich viele $p_1, p_2, \ldots, p_n$. Dann hat die Zahl $N = p_1 \cdots p_n + 1$ einen Primteiler q, aber q ist $\neq p_i$ für alle i, da $q = p_i$ ansonsten $N - p_1 \cdots p_n = 1$ teilen müsste. Also gibt es eine weitere Primzahl q, Widerspruch. $\square$

Übung 21. *Zeige, dass es unendlich viele Primzahlen der Form $p = 4m + 3$ gibt.*

Hinweis: Verwende einen ähnlichen Trick wie im Beweis von Euklid.

Dies ergibt sofort ein Problem. Sei $p_1 = 2$ und p_{k+1} der kleinste Primfaktor von $N = p_1 p_2 \cdots p_k + 1$. Enthält $\{p_1, p_2, \ldots\}$ alle Primzahlen? Das ist nach wie vor offen.

Übung 22. *Sei $p_1 = 2$ und p_{k+1} der größte Primfaktor von $p_1 \cdots p_k + 1$, also $p_2 = 3$, $p_3 = 7$, $p_4 = 43$, $p_5 = 139$. Zeige, dass 5 nicht in der Folge $\{p_1, p_2, p_3, \ldots\}$ vorkommt.*

2. Beweis. Wir verwenden die sogenannten *Fermat Zahlen* $F(n) = 2^{2^n} + 1$. Die ersten Zahlen sind

n	0	1	2	3	4
$F(n)$	3	5	17	257	65537

Behauptung. $\mathrm{ggT}(F(m), F(n)) = 1$ für alle $m \neq n$.

Daraus wird natürlich der Satz folgen.

Dazu beweisen wir die Formel

$$\prod_{k=0}^{n-1} F(k) = F(n) - 2. \tag{1}$$

Dies ist richtig für $n = 1$: $F(0) = 3 = F(1) - 2$. Mit Induktion erhalten wir

$$\prod_{k=0}^{n} F(k) = (F(n) - 2)F(n) = (2^{2^n} - 1)(2^{2^n} + 1)$$

$$= 2^{2^{n+1}} - 1 = F(n+1) - 2.$$

Sei $m < n$, dann sehen wir aus (1), dass $\mathrm{ggT}(F(m), F(n)) = 1$ oder 2 ist, er kann aber nicht 2 sein, da alle Fermatschen Zahlen ungerade sind.

3. Beweis (Erdős). Dieser Beweis geht wesentlich tiefer. Sei $\mathbb{P} = \{p_1 < p_2 < p_3 < \cdots\}$, dann behaupten wir

$$\sum_{i \geq 1} \frac{1}{p_i} = \infty,$$

also muß $\mathbb{P}$ unendlich sein.

Angenommen, dies ist falsch, und $\sum \frac{1}{p_i}$ konvergiert. Dann gibt es ein ℓ, so dass gilt:

$$\sum_{i \geq \ell+1} \frac{1}{p_i} < \frac{1}{2}. \tag{2}$$

Wir nennen $p_1, \ldots, p_\ell$ die „kleinen" Primzahlen, und $p_{\ell+1}, p_{\ell+2} \cdots$ die „großen" Primzahlen. Aus (2) folgt für jede natürliche Zahl N

$$\sum_{i \geq \ell+1} \frac{N}{p_i} < \frac{N}{2}. \tag{3}$$

Es sei $N_g = \#\{n \leq N : n$ hat mindestens einen großen Primteiler $\}$ und $N_k = \#\{n \leq N : n$ hat nur kleine Primteiler $\}$. Es gilt also $N = N_g + N_k$. Nun wollen wir N_g und N_k abschätzen. Die Anzahl der Vielfachen von p_i, welche $\leq N$ sind, ist $\lfloor \frac{N}{p_i} \rfloor$, und wir erhalten mit (3)

$$N_g \leq \sum_{i \geq \ell+1} \lfloor \frac{N}{p_i} \rfloor < \frac{N}{2}. \tag{4}$$

Nun wollen wir N_k abschätzen. Wir schreiben jede Zahl $n \leq N$ als $n = a_n b_n^2$, wobei a_n quadratfrei ist. Die Anzahl der möglichen a_n ist somit 2^ℓ, und für b_n haben wir $b_n \leq \sqrt{n} \leq \sqrt{N}$, also ist die Anzahl der möglichen b_n^2 höchstens $\sqrt{N}$. Insgesamt ergibt dies durch Kombination

$$N_k \leq 2^\ell \sqrt{N},$$

und wir müssen wegen (4) nur mehr ein N finden mit $2^\ell \sqrt{N} \leq \frac{N}{2}$, um den Widerspruch zu $N = N_g + N_k$ herzustellen. Solch ein N ist z. B. $N = 2^{2\ell+2}$. $\qquad \Box$

Warum ist dieser letzte Beweis so bemerkenswert? (Das Resultat geht übrigens auf Euler zurück.) Wir wissen, dass die harmonische Reihe $1 + \frac{1}{2} + \frac{1}{3} + \frac{1}{4} + \cdots$ divergiert, aber sehr langsam, etwa so wie $\log n$, während die Reihe der reziproken Quadrate $\sum_{n=1}^{\infty} \frac{1}{n^2}$, wie wir gesehen haben, zu $\frac{\pi^2}{6}$ konvergiert. Unser Beweis zeigt nun, dass $\sum_{p \in \mathbb{P}} \frac{1}{p}$ auch noch divergiert. Mit anderen Worten: Die Primzahlen liegen in einem gewissen Sinne „dichter" als die Quadrate. Die folgende Aussage ist also plausibel:

Zwischen zwei Quadraten n^2 und $(n+1)^2$ liegt immer eine Primzahl!

Dies ist eines der vielen seit Jahrhunderten ungelösten Probleme. Man weiß allerdings, dass immer eine Primzahl zwischen zwei Kuben n^3 und $(n+1)^3$ ist.

Es liegt nahe, Zahlen von einem speziellen Typ zu betrachten und zu fragen, ob sie prim sind. Die bekanntesten sind die *Fermat Zahlen* $F(n) = 2^{2^n} + 1$ und die *Mersenne Zahlen* $M(p) = 2^p - 1$.

Übung 23. *Zeige für $a \geq 2$, $m \geq 2$:*

    a. $d \mid m \Rightarrow a^d - 1 \mid a^m - 1$,

    b. $d \mid m$, $\frac{m}{d}$ ungerade $\Rightarrow a^d + 1 \mid a^m + 1$,

    c. $a^m - 1 \in \mathbb{P} \Rightarrow a = 2$, $m \in \mathbb{P}$,

    d. $a^m + 1 \in \mathbb{P} \Rightarrow a$ gerade, $m = 2^n$.

Finde ein Beispiel $a^{2^m} + 1 \in \mathbb{P}$ mit $a \neq 2^k$.

Aus der Übung folgt insbesondere: $2^m + 1$ kann nur dann prim sein, wenn $m = 2^n$ ist, also eine Fermat Zahl vorliegt. Ebenso folgt aus $M(n) \in \mathbb{P}$, dass $n = p$ prim ist.

Die ersten fünf Fermat Zahlen ($0 \le n \le 4$) aus unserer Liste sind tatsächlich prim, aber für $F(5)$ gilt dies nicht mehr: $F(5) = 2^{32} + 1 = 641 \cdot 6700417$. Es wurde bisher keine weitere prime Fermat Zahl gefunden, man weiß aber auch nicht, ob es nur endlich viele gibt.

Die ersten Mersenne Zahlen $M(p)$ sind

p	2	3	5	7	11	13
$M(p)$	3	7	31	127	2047	8191

$M(2), M(3), M(5), M(7)$ sind prim, dann gilt aber $M(11) = 2047 = 23 \cdot 89$. Die nächsten primen Mersenne Zahlen ergeben sich für

$$p = 13, 17, 19, 31, 61, 89, 107, 127,$$

und für lange Zeit bis zum Beginn des Computerzeitalters war $2^{127} - 1$ die größte bekannte Primzahl (bewiesen von Lucas, 1876). Der gegenwärtige Rekord ist $2^{43112609} - 1$ mit knapp 13 Millionen Stellen. Insgesamt sind 47 Mersenne Primzahlen bekannt.

Aber selbst $2^{127} - 1$ ist eine sehr große Zahl (sie hat 39 Stellen). Wie hat Lucas gezeigt, dass $2^{127} - 1$ prim ist? Dies werden wir uns in den Abschnitten über Primzahltests überlegen.

Eine Primzahl p, für die auch $2p + 1$ prim ist, heißt *Sophie Germain Primzahl*. Beispiele sind $2, 3, 5, 11, 23, 29, 41$. Sophie Germain erfand ihre Primzahlen im Zusammenhang mit Fermats Vermutung: $x^n + y^n = z^n$ ist für $n \ge 3$ in ganzen Zahlen $x, y, z \neq 0$ unlösbar. Sie zeigte: Ist p eine Sophie Germain Primzahl, so ist $x^p + y^p = z^p$ unlösbar für ganze Zahlen x, y, z mit $p \nmid x, p \nmid y, p \nmid z$.

2.2 Kongruenzrechnung

Wir wiederholen ein paar Grundtatsachen über das Rechnen mit Kongruenzen und über endliche Gruppen. Von nun an bezeichnen wir den größten gemeinsamen Teiler von a und b kurz mit (a, b).

A. $\mathbb{Z}_n$ bezeichnet den *Restklassenring* modulo n, also $|\mathbb{Z}_n| = n$. Meistens werden wir das Vertretersystem $\{0, 1, \ldots, n - 1\}$ nehmen, manchmal aber auch das System $\{0, \pm 1, \pm 2, \ldots\}$ der absolut kleinsten Reste. Für eine Primzahl p ist $\mathbb{Z}_p$ ein Körper.

Beispiel: Für $n = 11$ sind $\{0, \pm 1, \pm 2, \pm 3, \pm 4, \pm 5\}$ die absolut kleinsten Reste.

Für $a \equiv b \pmod{n}$, d.h. $n | a - b$, gilt $(a, n) = (b, n)$. Wir nennen a mit $(a, n) = 1$ einen *primen Rest* modulo n. Offenbar ist das Produkt von primen Resten wieder primer Rest. Mit $\mathbb{Z}_n^*$ bezeichnen wir die *Gruppe der primen Reste* mit Multiplikation. Beispiel: $\mathbb{Z}_9^* = \{1, 2, 4, 5, 7, 8\}$.

Die Anzahl der primen Reste ist die *Eulersche φ-Funktion*, $\varphi(n) = \#\{1 \le a \le n : (a, n) = 1\}$, also $|\mathbb{Z}_n^*| = \varphi(n)$. Insbesondere ist $|\mathbb{Z}_p^*| = \varphi(p) = p - 1$ für eine Primzahl p. Offenbar gilt $\varphi(n) \le n - 1$ und $\varphi(n) = n - 1 \Leftrightarrow n \in \mathbb{P}$ $(n \ge 2)$.

B. Ist G eine endliche Gruppe mit Multiplikation und neutralem Element 1 und H Untergruppe, so ist $|H|$ Teiler von $|G|$. Sei $a \in G$, dann ist $\langle a \rangle = \{a, a^2, \ldots, a^k = 1\}$ die von a erzeugte *zyklische* Untergruppe. Ist $G = \langle a \rangle$, so heißt G *zyklisch*, und a ein *primitives Element* oder *Primitivwurzel* von G.

Beispiel: $\mathbb{Z}_9^*$ ist zyklisch mit Primitivwurzel 2,

$$\mathbb{Z}_9^* = \{2, 2^2 \equiv 4, 2^3 \equiv 8, 2^4 \equiv 7, 2^5 \equiv 5, 2^6 \equiv 1\}.$$

Sei $a \in G$, dann heißt das kleinste h mit $a^h = 1$ die *Ordnung* $\operatorname{ord}(a)$. Es gilt

$$a^m = 1 \Longleftrightarrow \operatorname{ord}(a) \big| m. \tag{1}$$

Wenn $m = t \cdot \operatorname{ord}(a)$ ist, so folgt $a^m = (a^{\operatorname{ord}(a)})^t = 1$. Sei umgekehrt $a^m = 1$, $m = k \cdot \operatorname{ord}(a) + r$, $0 \le r < \operatorname{ord}(a)$, so sehen wir $1 = a^m = (a^{\operatorname{ord}(a)})^k \cdot a^r = a^r$, also $r = 0$ wegen der Minimalität der Ordnung.

Wegen $\operatorname{ord}(a) = |\langle a \rangle| \big| |G|$ folgt aus (1)

$$a^{|G|} = 1 \text{ für alle } a \in G. \tag{2}$$

Übung 24. *Sei G endliche Gruppe, $a \in G$. Zeige: $a^i = a^j \Leftrightarrow i \equiv j \pmod{\operatorname{ord}(a)}$.*

Übung 25. *Sei $p \ge 3$ Primteiler von $a^{2^n} + 1$, $a \ge 2$. Zeige: $p \equiv 1 \pmod{2^{n+1}}$ und folgere, dass es für festes n unendlich viele $p \in \mathbb{P}$ gibt mit $p \equiv 1 \pmod{2^n}$.*
Hinweis: Betrachte $\operatorname{ord}(a)$ in $\mathbb{Z}_p^*$ und verwende (2).

Übung 26. *Sei $G = \langle a \rangle$, $|G| = n$. Zeige: $\operatorname{ord}(a^k) = \frac{n}{(n,k)}$, somit: a^k ist Primitivwurzel $\Leftrightarrow$ $(k, n) = 1$. Schließe daraus: $\operatorname{ord}(a^d) = \frac{n}{d}$ für $d \big| n$.*

Aus der Übung folgt insbesondere:

$$\textit{Eine zyklische Gruppe } G \textit{ mit } |G| = n \textit{ hat } \varphi(n) \textit{ Primitivwurzeln.} \tag{3}$$

Wenden wir (2) auf $\mathbb{Z}_p^*$ und $\mathbb{Z}_n^*$ an, so erhalten wir die klassischen Sätze von Euler und Fermat.

Satz 2.2 (Fermat). *Sei $p \in \mathbb{P}$, $p \nmid a$. Dann gilt $a^{p-1} \equiv 1 \pmod{p}$.*

Satz 2.3 (Euler). *Sei $n \in \mathbb{N}$, $(a, n) = 1$. Dann gilt $a^{\varphi(n)} \equiv 1 \pmod{n}$.*

Aus dem Satz von Fermat folgt für $p \geq 3$

$$p \mid (a^{\frac{p-1}{2}} - 1)(a^{\frac{p-1}{2}} + 1),$$

somit

$$p \mid a^{\frac{p-1}{2}} - 1 \quad \text{oder} \quad p \mid a^{\frac{p-1}{2}} + 1,$$

das heißt für $p \nmid a$,

$$a^{\frac{p-1}{2}} \equiv 1 \quad \text{oder} \quad a^{\frac{p-1}{2}} \equiv -1 \pmod{p}. \tag{4}$$

Übung 27. *Zeige: a. Sei $m \geq 2$, $2m + 1 \in \mathbb{P}$. Falls $a^m + b^m = c^m$ ist, dann gilt $2m + 1 \mid abc$.
b. Sei $m \geq 4$, $4m + 1 \in \mathbb{P}$. Falls $a^m + b^m = c^m$ ist, dann gilt $4m + 1 \mid abc$.*

Hinweis: Verwende (4).

Übung 28. *Zeige den Satz von Wilson: $(p - 1)! \equiv -1 \pmod{p}$, $p \in \mathbb{P}$. Gilt dies auch für $n \notin \mathbb{P}$?*

Hinweis: Betrachte das Polynom $x^{p-1} - 1$ in $\mathbb{Z}_p[x]$.

C. Der wichtige sogenannte *Chinesische Restsatz* bezieht sich auf das simultane Lösen von Kongruenzen.

Satz 2.4. *Seien $m_1, \ldots, m_t$ paarweise relativ prim, $a_1, \ldots, a_t$ beliebig. Dann ist das Kongruenzensystem*

$$x \equiv a_1 \pmod{m_1}$$
$$\vdots$$
$$x \equiv a_t \pmod{m_t}$$

stets lösbar, und die Lösung ist eindeutig mod $m_1 m_2 \cdots m_t$.

Zur Existenz betrachten wir $t = 2$, der Rest folgt dann mit Induktion, indem wir die ersten beiden Kongruenzen als eine Kongruenz modulo $m_1 m_2$ auffassen. Gesucht ist ein x von der Form $x = a_1 + t_1 m_1 = a_2 + t_2 m_2$, das heißt wir brauchen t_1, t_2 mit

$t_1 m_1 - t_2 m_2 = a_2 - a_1$. Nach dem erweiterten Euklidischen Algorithmus existieren A und B mit $Am_1 + Bm_2 = 1$, also

$$A(a_2 - a_1)m_1 + B(a_2 - a_1)m_2 = a_2 - a_1.$$

Die gesuchten Zahlen sind $t_1 = A(a_2 - a_1)$, $t_2 = B(a_1 - a_2)$.

Die Eindeutigkeit ist klar, da aus $x \equiv y \equiv a_i \pmod{m_i}$ folgt $m_i \mid x - y$ für alle i, und somit $m_1 \cdots m_t \mid x - y$, $x \equiv y \pmod{m_1 \cdots m_t}$, da die m_i paarweise teilerfremd sind.

Beispiel. $x \equiv 3 \pmod 5$, $x \equiv 5 \pmod 9$. Aus $1 = 2 \cdot 5 - 1 \cdot 9$ erhalten wir $2 = 4 \cdot 5 - 2 \cdot 9$, $t_1 = 4$, $t_2 = 2$, also $x = 23$.

Sind G_1, G_2 Gruppen, so ist das *direkte Produkt* $G_1 \times G_2$ die Gruppe mit den Paaren (a_1, a_2), $a_1 \in G_1$, $a_2 \in G_2$ als Elemente mit koordinatenweiser Verknüpfung: $(a_1, a_2) \cdot (b_1, b_2) = (a_1 b_1, a_2 b_2)$. Die Verallgemeinerung $G_1 \times \cdots \times G_t$ ist klar.

Folgerung 2.5. *Seien $m_1, \ldots, m_t$ paarweise teilerfremd. Dann ist $\psi : \mathbb{Z}^*_{m_1 \cdots m_t} \to \mathbb{Z}^*_{m_1} \times \cdots \times \mathbb{Z}^*_{m_t}$, $\psi(a) = (a_1, \ldots, a_t)$ mit $a_i \equiv a \pmod{m_i}$, $i = 1, \ldots, t$, ein Gruppenisomorphismus.*

Offenbar ist $(a, m_1 \cdots m_t) = 1 \Leftrightarrow (a, m_i) = 1$ für alle $i \Leftrightarrow (a_i, m_i) = 1$ für alle i. Somit ist $\psi(a) = (a_1, \ldots, a_t) \in \mathbb{Z}^*_{m_1} \times \cdots \times \mathbb{Z}^*_{m_t}$, und der Chinesische Restsatz besagt, dass es zu $(a_1, \ldots, a_t)$ genau ein Urbild a mit $\psi(a) = (a_1, \ldots, a_t)$ gibt. Die Isomorphieeigenschaft ist wegen $ab \equiv a_i b_i \pmod{m_i}$ klar.

Folgerung 2.6. *Für teilerfremde Zahlen m_1, m_2 gilt*

$$\varphi(m_1 m_2) = \varphi(m_1)\varphi(m_2).$$

Es genügt also, $\varphi(p^k)$ für eine Primzahlpotenz zu bestimmen. Eine Zahl ℓ ist genau dann nicht teilerfremd zu p^k, wenn $p \mid \ell$ gilt, also gibt es $\frac{p^k}{p} = p^{k-1}$ viele bis p^k, und wir erhalten $\varphi(p^k) = p^k - p^{k-1} = p^k(1 - \frac{1}{p})$. Ist also $n = p_1^{k_1} \cdots p_t^{k_t}$ die Primfaktorzerlegung, so haben wir

$$\varphi(n) = n \prod_{\substack{p \mid n \\ p \in \mathbb{P}}} \left(1 - \frac{1}{p}\right).$$

Beispiel. $30 = 2 \cdot 3 \cdot 5$, $\varphi(30) = \varphi(2)\varphi(3)\varphi(5) = 1 \cdot 2 \cdot 4 = 8$ mit $\mathbb{Z}^*_{30} = \{1, 7, 11, 13, 17, 19, 23, 29\}$.

Übung 29. *Zeige, dass $\varphi(n)$ gerade ist für $n \geq 3$, und* $\displaystyle\sum_{i=1,(i,n)=1}^{n} i = \frac{n\varphi(n)}{2}$.

Übung 30. *Bestimme alle $n \in \mathbb{N}$ mit $\varphi(n) = 12$.*

Die folgende Formel werden wir noch brauchen:

$$\sum_{d|n} \varphi(d) = n. \tag{5}$$

Um dies zu sehen, betrachten wir die n Brüche

$$\frac{1}{n}, \frac{2}{n}, \cdots, \frac{i}{n}, \cdots, \frac{n}{n}.$$

Bringen wir $\frac{i}{n}$ auf gekürzte Form $\frac{j}{d}$, so gilt $d|n$, $j \leq d$, $(j,d) = 1$. Jeder gekürzte Bruch mit Nenner d kommt also genau einmal vor.

Mit Kongruenzrechnung können wir auch einiges über spezielle Primzahlen erfahren.

Übung 31. *Sei $p \in \mathbb{P}$, $p \geq 3$. Zeige: Für jeden Primteiler q der Mersenne Zahl $M(p) = 2^p - 1$ gilt $q \equiv 1 \pmod{2p}$. Beispiele: $M(5) = 31$, $M(7) = 127$, $M(11) = 2047 = 23 \cdot 89$ mit $23 \equiv 1 \pmod{22}$, $89 \equiv 1 \pmod{22}$.*

Später werden wir einen allgemeinen Test für die Primalität der Mersenne Zahlen besprechen.

2.3 Die prime Restklassengruppe $\mathbb{Z}_n^*$

Wir kommen zum ersten großen Ergebnis, das die Frage beantwortet, für welche n die Gruppe $\mathbb{Z}_n^*$ zyklisch ist. Den wichtigsten und leichtesten Fall nehmen wir vorweg.

Satz 2.7. *Die Gruppe $\mathbb{Z}_p^*$, $p \in \mathbb{P}$, ist zyklisch, und die Anzahl der Primitivwurzeln ist $\varphi(p - 1)$.*

Beweis. Wenn wir gezeigt haben, dass $\mathbb{Z}_p^*$ zyklisch ist, dann folgt die letzte Aussage aus $|\mathbb{Z}_p^*| = p - 1$ und (3) des letzten Abschnittes. Für den Nachweis, dass $\mathbb{Z}_p^*$ zyklisch ist, benutzen wir die Tatsache, dass $\mathbb{Z}_p$ ein *Körper* ist.

Jedes Element $a \in \mathbb{Z}_p^*$ hat eine Ordnung d mit $d \,|\, p-1$. Es sei

$$\psi(d) = \#\{a \in \mathbb{Z}_p^* : \ \mathrm{ord}(a) = d\},$$

also

$$\sum_{d|p-1} \psi(d) = p-1.$$

Wenn überhaupt ein $a \in \mathbb{Z}_p^*$ existiert mit $\mathrm{ord}(a) = d$, dann gilt $(a^i)^d \equiv 1 \ (\mathrm{mod}\ p)$ für *alle* a^i, $i = 1,\ldots,d$. Das heißt, die d Elemente a^i sind Nullstellen des Polynoms $x^d - 1$ in $\mathbb{Z}_p$. Da aber $\mathbb{Z}_p$ ein Körper ist, hat $x^d - 1$ höchstens d Nullstellen, und damit genau die Elemente a^i. Wenn also $\psi(d) \neq 0$ ist, so gilt $\varphi(d) = \psi(d)$ nach Übung 26. In Zusammenfassung erhalten wir mit (5) des letzten Abschnittes

$$p - 1 = \sum_{d|p-1} \psi(d) \le \sum_{d|p-1} \varphi(d) = p-1,$$

und somit $\psi(d) = \varphi(d)$ für alle d. Insbesondere gilt $\psi(p-1) = \varphi(p-1) \ge 1$, das heißt es gibt Elemente der Ordnung $p-1$. $\qquad\square$

Beispiel. $p = 13$, $\mathbb{Z}_{13}^* = \{2, 2^2 \equiv 4, 8, 3, 6, 12, 11, 9, 5, 10, 7, 1\}$. Also ist 2 primitives Element und die anderen Primitivwurzeln sind $2^5 \equiv 6$, $2^7 \equiv 11$, $2^{11} \equiv 7$; $\varphi(12) = 4$.

Der folgende Satz bestimmt alle n, für die $\mathbb{Z}_n^*$ zyklisch ist.

Satz 2.8. *$\mathbb{Z}_n^*$ ist zyklisch genau für*

    1) $n = p^m$, $p \in \mathbb{P}$, $p \ge 3$,

    2) $n = 2p^m$, $p \in \mathbb{P}$, $p \ge 3$,

    3) $n = 2, 4$.

Beweis. Offenbar sind $\mathbb{Z}_2^* = \{1\}$, $\mathbb{Z}_4^* = \{1, 3\}$ zyklisch. Sei $n = 2^m$, $m \ge 3$.

Behauptung 1. $a^{2^{m-2}} \equiv 1 \ (\mathrm{mod}\ 2^m)$ für alle a ungerade. Da $\varphi(2^m) = 2^{m-1}$ ist, folgt, dass $\mathbb{Z}_{2^m}^*$ nicht zyklisch ist.

Wir führen Induktion nach m. Für $m = 3$ gilt $a^2 \equiv 1 \ (\mathrm{mod}\ 8)$. Induktionsschritt von m auf $m + 1$. Wir haben

$$a^{2^{m-1}} - 1 = (a^{2^{m-2}} - 1)(a^{2^{m-2}} + 1) \equiv 0 \ (\mathrm{mod}\ 2^{m+1}),$$

da $a^{2^{m-2}} - 1 \equiv 0 \ (\mathrm{mod}\ 2^m)$ nach Induktion und $a^{2^{m-2}} + 1$ gerade ist.

Sei $n = n_1 n_2$, $n_1, n_2 \ge 3$, $(n_1, n_2) = 1$.

Behauptung 2. $a^{\frac{\varphi(n)}{2}} \equiv 1 \pmod{n}$ für $(a, n) = 1$. Daraus folgt, dass $\mathbb{Z}_n^*$ nicht zyklisch ist.

Für $n \geq 3$ ist $\varphi(n)$ gerade (Übung 29). Wir haben

$$a^{\frac{\varphi(n)}{2}} = a^{\varphi(n_1)\frac{\varphi(n_2)}{2}} \equiv 1 \pmod{n_1}$$

und analog

$$a^{\frac{\varphi(n)}{2}} \equiv 1 \pmod{n_2}.$$

Daraus folgt $a^{\frac{\varphi(n)}{2}} \equiv 1 \pmod{n}$.

Es bleiben somit die Fälle p^m und $2p^m$, $p \in \mathbb{P}$, $p \geq 3$, und für diese Gruppen zeigen wir, dass sie zyklisch sind. Wie üblich heißt a *Primitivwurzel* mod p^m, falls $\mathrm{ord}_{p^m}(a) = \varphi(p^m) = p^{m-1}(p-1)$ ist.

Sei a Primitivwurzel mod p. Dann ist auch $b = a + tp$ Primitivwurzel für jedes t.

Behauptung 3. Wir können t so wählen, dass $b = a + tp$ Primitivwurzel mod p ist, und $b^{p-1} = 1 + n_1 p$ mit $(n_1, p) = 1$ gilt.

Wir haben mit $a^{p-1} = 1 + up$ (nach Fermat)

$$
\begin{aligned}
b^{p-1} = (a + tp)^{p-1} &= a^{p-1} + \sum_{i=1}^{p-1} \binom{p-1}{i} a^{p-1-i} t^i p^i \\
&= a^{p-1} + (p-1)a^{p-2}tp + p^2 s \\
&= 1 + p(u + (p-1)a^{p-2}t + ps) \\
&= 1 + n_1 p.
\end{aligned}
\tag{1}
$$

Falls $u \equiv 0 \pmod{p}$ ist, so wählen wir $t = 1$, und für $u \not\equiv 0 \pmod{p}$ wählen wir $t = 0$. Insgesamt ist also $n_1 \not\equiv 0 \pmod{p}$, d.h. $(n_1, p) = 1$.

Für alle $k \geq 2$ und n gilt

$$(1 + np^{k-1})^p = 1 + \sum_{i=1}^{p} \binom{p}{i} n^i p^{i(k-1)} \equiv 1 + np^k \pmod{p^{2k-1}}, \tag{2}$$

da $\binom{p}{i} \equiv 0 \pmod{p}$ für $0 < i < p$ ist und $i(k-1) + 1 \geq 2k - 1$ für $i \geq 2$.

Sei b wie in (1). Wir wollen zeigen, dass jedes solche b Primitivwurzel für *alle* Gruppen $\mathbb{Z}_{p^m}^*$ ist.

Wir zeigen zunächst mit Induktion nach k

$$b^{p^{k-1}(p-1)} = 1 + n_k p^k \text{ mit } n_k \equiv n_{k-1} \pmod{p^{k-1}},$$

wobei $n_0 = 1$ ist.

Für $k = 1$ haben wir trivialerweise

$$b^{p-1} = 1 + n_1 p \text{ mit } n_1 \equiv 1 \pmod 1.$$

Nun ist nach (2)

$$b^{p^k(p-1)} = (b^{p^{k-1}(p-1)})^p = (1 + n_k p^k)^p = 1 + n_k p^{k+1} + r p^{2k+1}$$
$$= 1 + p^{k+1}(n_k + r p^k).$$

Setzen wir $n_{k+1} = n_k + r p^k$, so gilt wie gewünscht $n_{k+1} \equiv n_k \pmod{p^k}$. Es folgt $n_{k+1} \equiv n_k \equiv \cdots \equiv n_1 \pmod p$, also $(n_k, p) = 1$ für alle $k \geq 1$.

Nun betrachten wir $n = p^m$, $m \geq 1$.

Behauptung 4. $\mathrm{ord}_{p^m}(b) = \varphi(p^m) = p^{m-1}(p-1)$, d. h. b ist Primitivwurzel mod p^m.

Sei $\mathrm{ord}_{p^m}(b) = d$, dann gilt $d \,\big|\, \varphi(p^m) = p^{m-1}(p-1)$. Da b Primitivwurzel mod p ist, haben wir wegen $b^d \equiv 1 \pmod p$, $p - 1 \,\big|\, d$, somit $d = (p-1)p^k$ für $k \leq m - 1$.

Nun gilt

$$b^{p^k(p-1)} = 1 + n_{k+1} p^{k+1} \equiv 1 \pmod{p^m},$$

also $n_{k+1} p^{k+1} \equiv 0 \pmod{p^m}$, das heißt $p^m \,\big|\, p^{k+1}$ wegen $(n_{k+1}, p) = 1$, somit $m \leq k + 1$, also $k = m - 1$ wie gewünscht.

Sei schließlich $n = 2p^m$, dann ist $\varphi(n) = \varphi(p^m)$. Sei a Primitivwurzel mod p^m, und $b = a$ oder $b = a + p^m$, b ungerade. Dann ist $(b, 2p^m) = 1$. Sei $\mathrm{ord}_{2p^m}(b) = d$, dann gilt $b^d \equiv 1 \pmod{2p^m}$, also $b^d \equiv 1 \pmod{p^m}$. Da b Primitivwurzel mod p^m ist, bedeutet dies $\varphi(p^m) \,\big|\, d$, und somit $d = \varphi(p^m) = \varphi(2p^m)$. $\qquad\square$

Beispiel. $n = 10 = 2 \cdot 5$. Die Primitivwurzeln mod 5 sind 2 und 3, also sind 7 und 3 Primitivwurzeln mod 10. Sei $n = 5^m$, 2 ist Primitivwurzel mod 5. Wir haben $2^4 = 16 = 1 + 3 \cdot 5$ mit $(3, 5) = 1$. Also ist 2 Primitivwurzel mod 5^m für alle m.

Eine berühmte offene Vermutung von Artin lautet: Sei $a \in \mathbb{Z}$, a kein Quadrat und $a \neq -1$. Dann ist a Primitivwurzel mod p für unendlich viele Primzahlen p.

Übung 32. *Zeige: Sei $\mathbb{Z}_n^*$ zyklisch mit $|\mathbb{Z}_n^*| \geq 3$. Dann gilt $\prod_{aPW} a \equiv 1 \pmod n$, wobei das Produkt alle Primitivwurzeln a von $\mathbb{Z}_n^*$, $1 \leq a \leq n$, durchläuft.*

Hinweis: Übungen 26 und 29.

Übung 33. *Zeige: a. 2 ist Primitivwurzel in $\mathbb{Z}_{3^k}^*$ für alle $k \geq 1$. b. Folgere, dass $3^a - 2^b = 1$ (abgesehen von $a = b = 1$) nur die Lösung $a = 2$, $b = 3$ hat.*

Hinweis: $3^a - 2^b = 1 \Leftrightarrow 2^b \equiv -1 \pmod{3^a}$.

2.4　Quadratische Reste

Es sei p stets eine *ungerade* Primzahl. Wir betrachten wieder $\mathbb{Z}_p^*$ und nennen $\{1, 2, \ldots, p-1\}$ das *Standard-Vertretersystem*. Nun nehmen wir die Quadrate

$$1 = 1^2, 2^2, \ldots, (p-1)^2.$$

Da $i^2 \equiv (p-i)^2 \pmod p$ ist, genügt es, die Quadrate $1^2, 2^2, \ldots, (\frac{p-1}{2})^2$ zu betrachten. Diese sind nun alle inkongruent, denn aus $i^2 \equiv j^2 \pmod p$, $j > i$, folgt $(j-i)(j+i) \equiv 0 \pmod p$ also $p \mid j-i$ oder $p \mid j+i$, was wegen $1 \le i, j \le \frac{p-1}{2}$ nicht geht.

Definition.　Sei $p \nmid a$, dann heißt a *quadratischer Rest* mod p, falls $a \equiv i^2 \pmod p$ für ein i gilt, ansonsten *quadratischer Nichtrest*. Wir verwenden die Bezeichnungen a *QR* bzw. a *NR*.

Mit anderen Worten: a ist QR, wenn die Gleichung $x^2 \equiv a \pmod p$ im Körper $\mathbb{Z}_p$ eine Lösung hat (und dann natürlich die Lösungen $\pm x$). Es gibt also $\frac{p-1}{2}$ quadratische Reste und $\frac{p-1}{2}$ Nichtreste.

Beispiel.　$p = 13$. Die quadratischen Reste sind $1, 2^2 \equiv 4, 3^2 \equiv 9, 4^2 \equiv 3, 5^2 \equiv 12, 6^2 \equiv 10$.

Satz 2.9 (Euler Kriterium).　*Sei $p \nmid a$. Dann gilt:*

$$a \ QR \Longleftrightarrow a^{\frac{p-1}{2}} \equiv 1 \pmod p$$

$$a \ NR \Longleftrightarrow a^{\frac{p-1}{2}} \equiv -1 \pmod p.$$

Beweis. Jedes $a \in \mathbb{Z}_p^*$ erfüllt die Gleichung $x^{p-1} - 1 \equiv 0 \pmod p$. Das heißt, die Elemente $a \in \mathbb{Z}_p^*$ sind genau die Nullstellen dieses Polynoms im Körper $\mathbb{Z}_p$. Nun gilt

$$x^{p-1} - 1 = (x^{\frac{p-1}{2}} - 1)(x^{\frac{p-1}{2}} + 1).$$

Ist $a \equiv b^2$ QR, so haben wir nach Fermat $a^{\frac{p-1}{2}} \equiv b^{p-1} \equiv 1 \pmod p$. Die $\frac{p-1}{2}$ QR sind also genau die Nullstellen des ersten Faktors $x^{\frac{p-1}{2}} - 1$, und demnach die $\frac{p-1}{2}$ NR genau die Nullstellen des zweiten Faktors $x^{\frac{p-1}{2}} + 1$. $\qquad\square$

Definition.　Wir führen das *Legendre Symbol* ein:

$$\left(\frac{a}{p}\right) = \begin{cases} 1 & a \ QR \\ -1 & a \ NR \\ 0 & p \mid a \,. \end{cases}$$

Unser Satz kann demnach auch so geschrieben werden:

$$\left(\frac{a}{p}\right) \equiv a^{\frac{p-1}{2}} \pmod{p}. \tag{1}$$

Offensichtlich gilt $\left(\frac{a}{p}\right) = 1$ für $a = b^2$, $p \nmid a$, und ferner $\left(\frac{a}{p}\right) = \left(\frac{b}{p}\right)$ für $a \equiv b \pmod{p}$.

Übung 34. *Zeige:* $\left(\frac{a}{p}\right)\left(\frac{b}{p}\right) = \left(\frac{ab}{p}\right)$.

Da jede ganze Zahl a als Produkt $a = \pm 1 \cdot q_1^{k_1} \cdots q_t^{k_t}$ geschrieben werden kann, müssen wir nach der Übung, um $\left(\frac{a}{p}\right)$ zu berechnen, die Fälle

$$\left(\frac{-1}{p}\right) \quad \text{und} \quad \left(\frac{q}{p}\right) \quad \text{für } q \in \mathbb{P}$$

diskutieren.

Übung 35. *Zeige:* -1 *ist QR mod* $p \iff p \equiv 1 \pmod{4}$.

Übung 36. *Sei p Sophie Germain Primzahl, $q = 2p + 1$. Zeige, dass die Primitivwurzeln mod q genau die Nichtreste $\not\equiv -1$ sind.*

Der Fall $\left(\frac{q}{p}\right)$ führt zu einem der schönsten und wichtigsten Ergebnisse der Zahlentheorie. Zunächst ein Hilfssatz.

Lemma 2.10 (Gauß). *Es sei $p \nmid a$. Wir betrachten die Menge $\{a, 2a, \ldots, \frac{p-1}{2}a\}$ und reduzieren sie auf das Standardsystem $M = \{b_1, \ldots, b_{\frac{p-1}{2}}\}$, $0 < b_i < p$. Dann haben wir $\left(\frac{a}{p}\right) = (-1)^s$ mit $s = \#\{i : b_i > \frac{p}{2}\}$.*

Beweis. Wir nummerieren die Reste in M

$$b_1, \ldots, b_s, c_1, \ldots, c_t,$$

so dass die b_i die Reste mit $b_i > \frac{p}{2}$ sind und c_j jene mit $c_j < \frac{p}{2}$. Setzen wir $B = \{b_1, \ldots, b_s\}$, $C = \{c_1, \ldots, c_t\}$, so gilt also $B \cap C = \emptyset$, $B \cup C = M$, $s + t = \frac{p-1}{2}$. Nun ist

$$0 < p - b_i < \frac{p}{2}, \quad 0 < c_j < \frac{p}{2}.$$

Behauptung. Es gilt $p - b_i \neq c_j$ für alle i, j.

Angenommen $p - b_i = c_j$, $b_i \equiv ka$, $c_j \equiv \ell a$ $(\mathrm{mod}\ p)$, $1 \leq k, \ell \leq \frac{p-1}{2}$, und

$$p - ka \equiv \ell a \pmod{p}, \quad \text{also} \quad (k + \ell)a \equiv 0 \pmod{p}.$$

Daraus folgt $p \mid k + \ell$, was wegen $k + \ell \leq p - 1$ nicht geht.

Wir schließen $\{p - b_1, \ldots, p - b_s\} \cup \{c_1, \ldots, c_t\} = \{1, \ldots, \frac{p-1}{2}\}$ und daraus

$$
\begin{aligned}
(p - b_1) \cdots (p - b_s) c_1 \cdots c_t &= 1 \cdot 2 \cdots \frac{p-1}{2} \\
(-b_1) \cdots (-b_s) c_1 \cdots c_t &\equiv 1 \cdot 2 \cdots \frac{p-1}{2} \pmod{p} \\
(-1)^s b_1 \cdots b_s c_1 \cdots c_t &\equiv 1 \cdot 2 \cdots \frac{p-1}{2} \pmod{p} \\
(-1)^s a \cdot 2a \cdots \frac{p-1}{2} a &\equiv 1 \cdot 2 \cdots \frac{p-1}{2} \pmod{p}
\end{aligned}
$$

und durch Kürzen

$$(-1)^s a^{\frac{p-1}{2}} \equiv 1 \pmod{p},$$

oder $(\frac{a}{p}) \equiv a^{\frac{p-1}{2}} \equiv (-1)^s \pmod{p}$, was zu beweisen war. $\qquad\square$

Übung 37. *Zeige: $(\frac{2}{p}) = (-1)^{\lceil \frac{p-2}{4} \rceil}$ und folgere, dass 2 QR mod p genau dann ist, wenn $p \equiv \pm 1$ $(\mathrm{mod}\ 8)$ ist. Überprüfe $(-1)^{\lceil \frac{p-2}{4} \rceil} = (-1)^{\frac{p^2-1}{8}}$ und folgere $(\frac{2}{p}) = (-1)^{\frac{p^2-1}{8}}$.*

Hinweis: Lemma von Gauß.

Auch unsere speziellen Primzahltypen können mit quadratischen Resten studiert werden.

Übung 38. *Sei $M(p) = 2^p - 1$, $p \in \mathbb{P}$, Mersenne Zahl. Zeige, dass für jeden Primteiler q von $M(p)$ gilt $q \equiv \pm 1$ $(\mathrm{mod}\ 8)$.*

Beispiel: $2^{11} - 1 = 2047 = 23 \cdot 89$, $23 \equiv -1$ $(\mathrm{mod}\ 8)$, $89 \equiv 1$ $(\mathrm{mod}\ 8)$.

Übung 39. *Sei $n \geq 2$. Zeige, dass für jeden Primteiler q der Fermat Zahl $F(n) = 2^{2^n} + 1$ gilt: $q \equiv 1$ $(\mathrm{mod}\ 2^{n+2})$.*

Hinweis: Betrachte $\mathrm{ord}_q(2)$ und $(\frac{2}{q})$.

Dies führte Euler zur Zerlegung von $F(5) = 2^{32} + 1 = 4294967297$. Die Primteiler q müssen von der Gestalt $q = 1 + k \cdot 2^7 = 1 + 128k$ sein. Für $k = 5$ fand er den Teiler 641, $F(5) = 641 \cdot 6700417$. Später werden wir einen allgemeinen Test besprechen.

Übung 40.   *Sei p Sophie Germain Primzahl mit $p \equiv 3 \pmod 4$, also $2p + 1 \in \mathbb{P}$. Zeige, dass $2p + 1 \mid M(p)$ gilt. Die Mersenne Zahl $M(p)$ ist also keine Primzahl.*

Beispiel: $p = 11 \equiv 3 \pmod 4$, $2p + 1 = 23 \in \mathbb{P}$, und wir haben $M(11) = 2^{11} - 1 = 2047 = 23 \cdot 89$. Ein anderes Beispiel ist $p = 23$ mit $47 \mid M(23)$.

Hilfssatz 2.11.   *Sei $p \nmid a$, a ungerade, dann gilt*

$$\left(\frac{a}{p}\right) = (-1)^h, \quad wobei \quad h = \sum_{k=1}^{\frac{p-1}{2}} \lfloor \frac{ka}{p} \rfloor \ ist.$$

Beweis. Die Reste b_i, c_j seien wie im Lemma von Gauß erklärt. Wir haben durch Division

$$ka = \lfloor \frac{ka}{p} \rfloor p + r_k, \quad 0 \le r_k < p$$

$$\sum_{k=1}^{\frac{p-1}{2}} ka = p \sum_{k=1}^{\frac{p-1}{2}} \lfloor \frac{ka}{p} \rfloor + \sum_{i=1}^{s} b_i + \sum_{j=1}^{t} c_j$$

$$\sum_{k=1}^{\frac{p-1}{2}} k = \sum_{i=1}^{s} (p - b_i) + \sum_{j=1}^{t} c_j = sp - \sum_{i=1}^{s} b_i + \sum_{j=1}^{t} c_j$$

und durch Subtraktion

$$(a - 1) \sum_{k=1}^{\frac{p-1}{2}} k = p \left(\sum_{k=1}^{\frac{p-1}{2}} \lfloor \frac{ka}{p} \rfloor - s \right) + 2 \sum_{i=1}^{s} b_i. \tag{2}$$

Für ungerade a ist die linke Seite von (2) gerade, und es folgt

$$\sum_{k=1}^{\frac{p-1}{2}} \lfloor \frac{ka}{p} \rfloor \equiv s \pmod 2,$$

also $\left(\frac{a}{p}\right) = (-1)^s = (-1)^h$ mit $h = \sum_{k=1}^{\frac{p-1}{2}} \lfloor \frac{ka}{p} \rfloor$. $\qquad\square$

Satz 2.12 (Quadratisches Reziprozitätsgesetz). *Seien $p \neq q$ ungerade Primzahlen, dann gilt*

$$(\frac{q}{p})(\frac{p}{q}) = (-1)^{\frac{(p-1)(q-1)}{4}}.$$

Beweis. Von den vielen Beweisen ist der folgende geometrische von Gauß vielleicht der schönste. Wir betrachten die Gitterpunkte $S = \{(x,y) : 1 \leq x \leq \frac{p-1}{2}, 1 \leq y \leq \frac{q-1}{2}, x, y \in \mathbb{N}\}$, also $|S| = \frac{(p-1)(q-1)}{4}$.

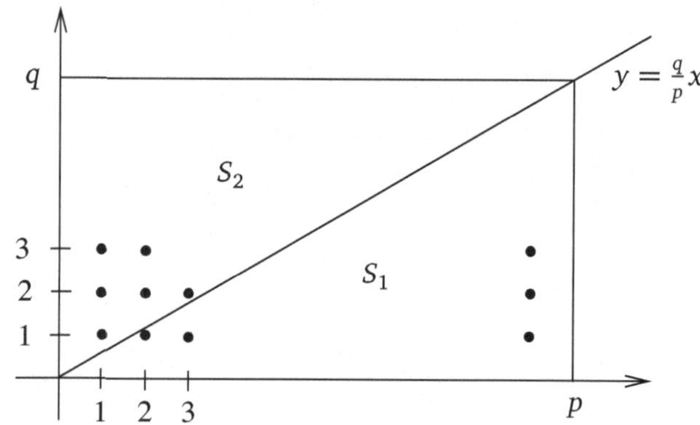

Sei $S_1 = \{(x,y) \in S : y < \frac{q}{p}x\}$, $S_2 = \{(x,y) \in S : y > \frac{q}{p}x\}$. Da kein Gitterpunkt auf der Geraden $y = \frac{q}{p}x$ liegt (warum?), haben wir $S_1 \cap S_2 = \varnothing$, $S_1 \cup S_2 = S$. Auf der Vertikalen $x = k$ liegen in S_1 genau die Punkte (k,y) mit $1 \leq y \leq \lfloor \frac{kq}{p} \rfloor$, und es folgt

$$|S_1| = \sum_{k=1}^{\frac{p-1}{2}} \lfloor \frac{kq}{p} \rfloor \quad \text{und analog} \quad |S_2| = \sum_{k=1}^{\frac{q-1}{2}} \lfloor \frac{kp}{q} \rfloor.$$

Nach Lemma 2.11 haben wir

$$(\frac{q}{p})(\frac{p}{q}) = (-1)^{|S_1|}(-1)^{|S_2|} = (-1)^{|S|} = (-1)^{\frac{(p-1)(q-1)}{4}},$$

und der Satz ist bewiesen. $\qquad\qquad\qquad\qquad\qquad\qquad\qquad\qquad\qquad\qquad\qquad$ $\square$

Folgerung 2.13. *Es gilt $(\frac{q}{p}) = (\frac{p}{q})$, außer wenn $p \equiv q \equiv 3 \pmod 4$ ist, in welchem Fall $(\frac{q}{p}) = -(\frac{p}{q})$ ist.*

Beispiel. Das Reziprozitätsgesetz erlaubt die schnelle Berechnung des Legendre Symbols. Wir rechnen

$$(\frac{-66}{101}) = (\frac{-1}{101})(\frac{2}{101})(\frac{3}{101})(\frac{11}{101}) = 1 \cdot (-1) \cdot (\frac{101}{3})(\frac{101}{11})$$

$$= -(\frac{2}{3})(\frac{2}{11}) = -1$$

also ist $-66\ NR$ mod 101. Oder

$$(\frac{-66}{101}) = (\frac{35}{101}) = (\frac{5}{101})(\frac{7}{101}) = (\frac{101}{5})(\frac{101}{7})$$
$$= (\frac{1}{5})(\frac{3}{7}) = -(\frac{7}{3}) = -(\frac{1}{3}) = -1.$$

Wir können nun die Diskussion aus Kapitel 1 über die Teilbarkeit von Fibonacci Zahlen abschließen. Die Frage war offen geblieben: Für welche Primzahlen $p > 5$ gilt $5^{\frac{p-1}{2}} \equiv 1 \pmod{p}$ und für welche gilt $5^{\frac{p-1}{2}} \equiv -1 \pmod{p}$? Nach (1) bedeutet dies gerade: Für welche p ist $5\ QR$ bzw. NR? Da $5 \equiv 1 \pmod 4$ ist, so haben wir $(\frac{5}{p}) = (\frac{p}{5})$ und die QR mod 5 sind 1 und 4. Somit erhalten wir

$$(\frac{5}{p}) =\ \ 1 \iff p \equiv 1,4 \pmod 5$$
$$(\frac{5}{p}) = -1 \iff p \equiv 2,3 \pmod 5.$$

Übung 41. *Sei $p \in \mathbb{P}$, $p > 3$. Zeige: a. $(\frac{3}{p}) = 1 \iff p \equiv \pm 1 \pmod{12}$. Berechne daraus $(\frac{3}{M(p)})$ für eine Mersennesche Primzahl. b. $(\frac{-3}{p}) = 1 \iff p \equiv 1 \pmod 3$.*

Hinweis: Unterscheide $p \equiv 1 \pmod 4$ und $p \equiv 3 \pmod 4$ und verwende den Chinesischen Restsatz.

Übung 42. *Zeige: $(\frac{-5}{p}) = 1 \iff p \equiv 1,3,7,9 \pmod{20}$.*

Übung 43. *Sei $p = 2^{4m} + 1 \in \mathbb{P}$, $m \geq 1$. Zeige: a. $p \equiv 3,5 \pmod 7$, b. $(\frac{7}{p}) = -1$, c. 7 ist Primitivwurzel in $\mathbb{Z}_p^*$.*

Hinweis: $p \equiv 2^m + 1 \pmod 7$.

Wir wollen nun das Legendre Symbol zum Jacobi Symbol verallgemeinern.

Definition. Sei $P > 0$ ungerade, $P = p_1 \cdots p_t$, $p_i \in \mathbb{P}$, $(a,P) = 1$. Das *Jacobi Symbol* wird erklärt durch

$$(\frac{a}{P}) = \prod_{i=1}^{t}(\frac{a}{p_i}).$$

Offenbar stimmen für $P = p \in \mathbb{P}$, Legendre Symbol und Jacobi Symbol überein. Es ist $(\frac{a}{P}) = \pm 1$. Falls $a\ QR$ mod P ist, dann ist $a\ QR$ mod p_i für alle i, und somit $(\frac{a}{P}) = 1$. Umgekehrt ist a nur dann QR mod P, falls $(\frac{a}{p_i}) = 1$ für alle i ist. Es ist aber nicht richtig, dass $(\frac{a}{P}) = 1$ impliziert a ist QR mod P.

Beispiel. $(\frac{2}{9}) = (\frac{2}{3})(\frac{2}{3}) = 1$, aber 2 ist nicht QR mod 9, da es auch nicht QR mod 3 ist.

Das Jacobi Symbol erfüllt trotzdem alle wesentlichen Eigenschaften des Legendre Symbols.

Hilfssatz 2.14. *Seien* $P, Q > 0$ *ungerade,* $(PQ, ab) = 1$. *Dann gilt:*

1) $a \equiv b \pmod{P} \Rightarrow (\frac{a}{P}) = (\frac{b}{P})$,

2) $(\frac{a}{PQ}) = (\frac{a}{P})(\frac{a}{Q})$,

3) $(\frac{ab}{P}) = (\frac{a}{P})(\frac{b}{P})$,

4) $(\frac{a^2}{P}) = (\frac{a}{P^2}) = 1$.

Beweis.

1) Sei $P = p_1 \cdots p_t$; $a \equiv b \pmod{P}$ impliziert $a \equiv b \pmod{p_i}$ für alle i, das heißt $(\frac{a}{p_i}) = (\frac{b}{p_i})$, und somit $(\frac{a}{P}) = (\frac{b}{P})$.

2) Folgt aus der Definition.

3) $(\frac{ab}{P}) = \prod_{i=1}^{t}(\frac{ab}{p_i}) = \prod_{i=1}^{t}(\frac{a}{p_i})(\frac{b}{p_i}) = (\frac{a}{P})(\frac{b}{P})$.

4) $(\frac{a^2}{P}) = (\frac{a}{P})(\frac{a}{P}) = 1$, $(\frac{a}{P^2}) = (\frac{a}{P})(\frac{a}{P}) = 1$. $\qquad\qquad\square$

Hilfssatz 2.15. *Sei* $P > 0$ *ungerade, dann gilt:*

1) $(\frac{-1}{P}) = (-1)^{\frac{P-1}{2}}$, *also* $(\frac{-1}{P}) = 1 \Leftrightarrow P \equiv 1 \pmod{4}$,

2) $(\frac{2}{P}) = (-1)^{\frac{P^2-1}{8}}$, *also* $(\frac{2}{P}) = 1 \Leftrightarrow P \equiv \pm 1 \pmod{8}$.

Beweis. 1) Wir haben mit $P = p_1 \cdots p_t$

$$(\frac{-1}{P}) = \prod_{i=1}^{t}(\frac{-1}{p_i}) = \prod_{i=1}^{t}(-1)^{\frac{p_i-1}{2}} = (-1)^{\sum_{i=1}^{t}\frac{p_i-1}{2}}.$$

Falls $a, b > 0$ ungerade sind, so gilt

$$\frac{ab-1}{2} - (\frac{a-1}{2} + \frac{b-1}{2}) = \frac{(a-1)(b-1)}{2} \equiv 0 \pmod{2}.$$

Wenden wir dies wiederholt auf $p_1, \ldots, p_t$ an, so folgt

$$\sum_{i=1}^{t} \frac{p_i - 1}{2} \equiv \frac{1}{2}(\prod_{i=1}^{t} p_i - 1) \equiv \frac{P-1}{2} \pmod 2,$$

und somit

$$(\frac{-1}{P}) = (-1)^{\frac{P-1}{2}}.$$

2) Seien wieder $a, b > 0$ ungerade, so ist

$$\frac{a^2 b^2 - 1}{8} - (\frac{a^2 - 1}{8} + \frac{b^2 - 1}{8}) = \frac{(a^2 - 1)(b^2 - 1)}{8} \equiv 0 \pmod 2.$$

Es folgt wie vorhin

$$\sum_{i=1}^{t} \frac{p_i^2 - 1}{8} \equiv \frac{1}{8}(\prod_{i=1}^{t} p_i^2 - 1) = \frac{P^2 - 1}{8} \pmod 2,$$

und somit

$$(\frac{2}{P}) = \prod_{i=1}^{t} (\frac{2}{p_i}) = \prod_{i=1}^{t} (-1)^{\frac{p_i^2 - 1}{8}} = (-1)^{\sum_{i=1}^{t} \frac{p_i^2 - 1}{8}} = (-1)^{\frac{P^2 - 1}{8}}.$$

$\square$

Satz 2.16 (Reziprozitätsgesetz). *Seien $P, Q > 0$ ungerade, $(P, Q) = 1$. Dann gilt*

$$(\frac{Q}{P})(\frac{P}{Q}) = (-1)^{\frac{(P-1)(Q-1)}{4}}.$$

Beweis. Sei $P = \prod_{i=1}^{t} p_i$, $Q = \prod_{j=1}^{s} q_j$, dann gilt

$$(\frac{Q}{P}) = \prod_{i=1}^{t} (\frac{Q}{p_i}) = \prod_{i=1}^{t} \prod_{j=1}^{s} (\frac{q_j}{p_i}) = \prod_{i=1}^{t} \prod_{j=1}^{s} (\frac{p_i}{q_j})(-1)^{\frac{p_i - 1}{2} \frac{q_j - 1}{2}}$$

$$= (\frac{P}{Q})(-1)^{\sum_{i=1}^{t} \sum_{j=1}^{s} \frac{(p_i - 1)}{2} \frac{(q_j - 1)}{2}}.$$

Nun ist

$$\sum_{i=1}^{t} \sum_{j=1}^{s} \frac{p_i - 1}{2} \frac{q_j - 1}{2} = \sum_{i=1}^{t} \frac{p_i - 1}{2} \cdot \sum_{j=1}^{s} \frac{q_j - 1}{2}$$

und $\sum_{i=1}^{t} \frac{p_i-1}{2} \equiv \frac{P-1}{2}, \sum_{j=1}^{s} \frac{q_j-1}{2} \equiv \frac{Q-1}{2} \pmod{2}$.

Daraus folgt

$$(-1)^{\sum_{i=1}^{t}\sum_{j=1}^{s} \frac{(p_i-1)}{2}\frac{(q_j-1)}{2}} = (-1)^{\frac{P-1}{2}\frac{Q-1}{2}}$$

wie gewünscht. $\square$

Beispiel.

$$\left(\frac{63}{85}\right) = \left(\frac{9}{85}\right)\left(\frac{7}{85}\right) = \left(\frac{7}{85}\right) = \left(\frac{85}{7}\right) = \left(\frac{5}{7}\right)\left(\frac{17}{7}\right) = -\left(\frac{17}{7}\right)$$

$$= -\left(\frac{3}{7}\right) = \left(\frac{7}{3}\right) = \left(\frac{1}{3}\right) = 1.$$

Übung 44. *Berechne das Jacobi Symbol $\left(\frac{123}{917}\right)$.*

Quadratische Reste ergeben Sätze vom „Euklid"-Typ, zum Beispiel: Es gibt unendlich viele Primzahlen $p \equiv 1 \pmod{3}$ und ebenso unendlich viele Primzahlen $p \equiv 2 \pmod{3}$.

Betrachten wir zunächst $p \equiv 2 \pmod{3}$. Angenommen es gibt nur endlich viele $q_1 = 2, q_2 = 5, \ldots, q_t$, dann sei $N = (q_1 \cdots q_t)^2 + 1$. Wegen $N \equiv 2 \pmod{3}$ muss N einen Primteiler $p \equiv 2 \pmod{3}$ enthalten mit $p \neq q_i$ für alle i. Für $p \equiv 1 \pmod{3}$ nehmen wir wieder an, dass es nur endlich viele gibt, $q_1 = 7, q_2 = 13, \ldots, q_t$. Sei $N = (q_1 \cdots q_t)^2 + 3$, dann ist $N \equiv 1 \pmod{3}$. Für $p \mid N$ gilt $-3 \equiv (q_1 \cdots q_t)^2 \pmod{p}$, also ist -3 quadratischer Rest mod p und daher (siehe Übung 41) $p \equiv 1 \pmod{3}$ mit $p \neq q_i$ für alle i. Widerspruch.

Übung 45. *Zeige mit derselben Methode, dass es unendlich viele Primzahlen $p \equiv 1 \pmod{6}$ und ebenso $p \equiv 5 \pmod{6}$ gibt.*

Ein berühmter Satz von Dirichlet besagt ganz allgemein: Seien a und n teilerfremd, dann gibt es unendlich viele Primzahlen $p \equiv a \pmod{n}$. Anders ausgedrückt: Jede arithmetische Progression $\{a + kn : k \in \mathbb{N}, (a,n) = 1\}$ enthält unendlich viele Primzahlen.

2.5 Pseudoprimzahlen und der Miller-Rabin Test

Nach Fermat ist $a^{p-1} \equiv 1 \pmod{p}$ für $p \in \mathbb{P}$, $p \nmid a$. Die Umkehrung

$$a^{n-1} \equiv 1 \pmod{n}, \ (a,n) = 1 \implies n \in \mathbb{P} \tag{1}$$

gilt nicht, wie wir gleich sehen werden.

Trotzdem ergibt natürlich der Satz von Fermat einen Test für die Primalität von n: Gibt es eine zu n relativ prime Zahl a mit $a^{n-1} \not\equiv 1 \pmod{n}$, so muss n zusammengesetzt sein.

Beispiel. $n = 341$. Wir nehmen $a = 2$. Dann haben wir

$$2^{340} = (2^{10})^{34} = (1024)^{34} \equiv 1 \pmod{341},$$

da $1024 \equiv 1 \pmod{341}$ ist. Also funktioniert 2 nicht. Für $a = 3$ berechnet man

$$3^{340} \equiv 56 \pmod{341},$$

somit muss 341 zusammengesetzt sein, *ohne* dass wir die Zerlegung kennen. Es ist $341 = 11 \cdot 31$.

Definition. Sei n ungerade und zusammengesetzt. Wir sagen, n ist *Pseudoprimzahl zur Basis* a, falls $a^{n-1} \equiv 1 \pmod{n}$ gilt; a ist dann natürlich relativ prim zu n.

Übung 46. *Angenommen n ist Pseudoprimzahl zur Basis 2. Zeige, dass dann auch $n' = 2^n - 1$ Pseudoprimzahl zur Basis 2 ist. Folgere, dass es unendlich viele Pseudoprimzahlen zur Basis 2 gibt.*

Hinweis: Übung 23.

In dem Beispiel ist 341 Pseudoprimzahl zur Basis 2. Umgekehrt nennen wir für beliebiges n ein Element a einen *(Fermat) Zeugen* für die *Nicht-Primalität* von n, falls $(a,n) = 1$ ist und $a^{n-1} \not\equiv 1 \pmod{n}$, andernfalls *Nicht-Zeugen*.

Hilfssatz 2.17. *Sei n ungerade. Falls n einen Zeugen b für die Nicht-Primalität besitzt, so sind in $\mathbb{Z}_n^*$ mindestens die Hälfte Zeugen für die Nicht-Primalität.*

Beweis. Es sei $S = \{a \in \mathbb{Z}_n^* : a^{n-1} \equiv 1 \pmod{n}\} \subseteq \mathbb{Z}_n^*$ die Menge der Nicht-Zeugen. Dann sind $\{ab : a \in S\}$ wegen $(ab)^{n-1} \not\equiv 1 \pmod{n}$ lauter verschiedene Zeugen. Es gibt also mindestens so viele Zeugen wie Nicht-Zeugen. $\qquad\square$

Daraus können wir den sogenannten Fermat Test für die Primalität ableiten.

Fermat Test

Input: $n \geq 3$ ungerade.

1. Wähle $1 \leq a \leq n-1$ zufällig. Falls $(a,n) \neq 1$ ist, gib $n \notin \mathbb{P}$ aus. Andernfalls teste a^{n-1}:

2. Falls $a^{n-1} \not\equiv 1 \pmod{n}$ ist, gib $n \notin \mathbb{P}$ aus.

    Falls $a^{n-1} \equiv 1 \pmod{n}$ ist, gib „n mögliche Primzahl" aus.

3. Dies wird t Mal wiederholt. Falls sich einmal $a^{n-1} \not\equiv 1 \pmod{n}$ ergibt, so wissen wir $n \notin \mathbb{P}$. Angenommen, das Ergebnis ist immer $a^{n-1} \equiv 1 \pmod{n}$. Aus dem Hilfssatz folgt

$$\Pr\left(a^{n-1} \equiv 1 \pmod{n} \ t \text{ Mal} \ \middle| \ n \text{ hat Zeugen} \right) \leq \frac{1}{2^t}.$$

In diesem Fall ist also die Wahrscheinlichkeit sehr hoch, dass n überhaupt keine Zeugen für die Nicht-Primalität hat. Können wir daher schließen, dass n Primzahl ist? Nein, es gibt zusammengesetzte Zahlen, die überhaupt keine Zeugen besitzen, die also Pseudoprimzahl zu *jeder* Basis sind.

Übung 47. *Entscheide mit dem Fermat Test, ob 1111 eine Primzahl ist.*

Definition. Eine zusammengesetzte Zahl n heißt *Carmichael Zahl* (nach ihrem Erfinder), falls $a^{n-1} \equiv 1 \pmod{n}$ für alle a mit $(a,n) = 1$ gilt.

Eine Carmichael Zahl n muss ungerade sein. Denn wenn n gerade ist, so gilt für die Basis $-1, (-1)^{n-1} = -1 \not\equiv 1 \pmod{n}$, da $n \neq 2$ ist.

Satz 2.18. *Eine ungerade Zahl n ist Carmichael Zahl $\Leftrightarrow$ n hat keine mehrfachen Primteiler und $p\,|\,n$ impliziert $p - 1\,|\,n - 1$ für alle Primteiler p von n.*

Beweis. $\Leftarrow$: Es sei a gegeben mit $(a,n) = 1$, $p \in \mathbb{P}$, $p\,|\,n$. Nach Fermat gilt $a^{p-1} \equiv 1 \pmod{p}$ und daher wegen $p-1\,|\,n-1$ auch $a^{n-1} \equiv 1 \pmod{p}$, das heißt $p\,|\,a^{n-1}-1$. Da n keine mehrfachen Primteiler hat, gilt $n\,|\,a^{n-1} - 1$, also $a^{n-1} \equiv 1 \pmod{n}$.

$\Rightarrow$: Sei $p \in \mathbb{P}$, $p\,|\,n$. Angenommen $p^2\,|\,n$, $n = p^k p_1^{k_1} \cdots p_t^{k_t}$, $k \geq 2$. Nach dem Chinesischen Restsatz ist

$$\mathbb{Z}_n^* \cong \mathbb{Z}_{p^k}^* \times \mathbb{Z}_{p_1^{k_1}}^* \times \cdots \times \mathbb{Z}_{p_t^{k_t}}^*.$$

Da $\mathbb{Z}_{p^k}^*$ zyklisch ist mit $|\mathbb{Z}_{p^k}^*| = p^{k-1}(p-1)$, gibt es $a \in \mathbb{Z}_n^*$ mit $\mathrm{ord}_n(a) = p(p-1)$ (siehe Übung 26). Aus $a^{n-1} \equiv 1 \pmod{n}$ folgt $p(p-1)|n-1$ also $p|n-1$, im Widerspruch zu $p|n$.

Es ist also $n = pp_1\cdots p_t$, $\mathbb{Z}_n^* \cong \mathbb{Z}_p^* \times \mathbb{Z}_{p_1}^* \times \cdots \times \mathbb{Z}_{p_t}^*$. Es gibt daher ein Element $b \in \mathbb{Z}_n^*$ mit $\mathrm{ord}_n(b) = p-1$. Aus $b^{n-1} \equiv 1 \pmod{n}$ folgt daraus $p-1|n-1$. $\qquad\square$

Übung 48. *Zeige, dass eine Carmichael Zahl mindestens 3 Primteiler hat.*

Hinweis: Für $n = pq$ betrachte $pq - 1$.

Beispiel. $561 = 3 \cdot 11 \cdot 17$ ist Carmichael Zahl, wie man aus $2|560, 10|560, 16|560$ und dem Satz sieht. Die Carmichael Zahlen sind sehr selten (es gibt 2163 bis $25 \cdot 10^9$), aber man kann zeigen, dass es unendlich viele gibt. Übrigens ist 561 die *kleinste* Carmichael Zahl.

Übung 49. *Teste, welche der Zahlen 645, 1105, 1387, 2465 Carmichael Zahlen sind.*

Übung 50. *Angenommen $6m+1$, $12m+1$, $18m+1$ sind Primzahlen für ein $m \geq 1$. Zeige, dass $n = (6m+1)(12m+1)(18m+1)$ Carmichael Zahl ist. Beispiel: $m = 1$ ergibt die Carmichael Zahl $1729 = 7 \cdot 13 \cdot 19$.*

Die folgenden einfachen Tests funktionieren für n, wenn man die Primteiler von $n-1$ kennt. Sie beinhalten eine hinreichende und eine notwendige Bedingung für Primalität.

Satz 2.19. *Sei n gegeben mit $n-1 = p_1^{k_1}\cdots p_t^{k_t}$. Falls für alle i, $1 \leq i \leq t$, ein b_i mit $(b_i, n) = 1$ existiert, so dass*

$$b_i^{n-1} \equiv 1 \pmod{n}$$

$$b_i^{\frac{n-1}{p_i}} \not\equiv 1 \pmod{n}$$

gilt, dann ist n Primzahl.

Beweis. Wir notieren zunächst $\varphi(n) \leq n-1$. Sei $b_i^{n-1} \equiv 1 \pmod{n}$, $b_i^{\frac{n-1}{p_i}} \not\equiv 1 \pmod{n}$, so gilt in $\mathbb{Z}_n^*$ $\mathrm{ord}(b_i)|n-1$ aber $\mathrm{ord}(b_i) \nmid \frac{n-1}{p_i}$. Daraus folgt $p_i^{k_i}|\mathrm{ord}(b_i)|\varphi(n)$ für alle i, und somit $n-1|\varphi(n)$. Dies bedeutet aber $\varphi(n) = n-1$, das heißt n ist prim. $\qquad\square$

Beispiel. Betrachten wir die Fermat Zahlen $F(n) = 2^{2^n} + 1$ $(n \geq 1)$. Hier ist $F(n) - 1 = 2^{2^n}$, also ist 2 der einzige Primteiler.

Satz 2.20. $F(n) \in \mathbb{P} \Longleftrightarrow 3^{\frac{F(n)-1}{2}} \equiv -1 \ (\mathrm{mod}\ F(n))$.

Beweis. Wenn $3^{\frac{F(n)-1}{2}} \equiv -1 \ (\mathrm{mod}\ F(n))$ ist, so nehmen wir $b = 3$ in unserem Satz und erhalten $3^{\frac{F(n)-1}{2}} \not\equiv 1 \ (\mathrm{mod}\ F(n))$, $3^{F(n)-1} \equiv 1 \ (\mathrm{mod}\ F(n))$, also ist $F(n) \in \mathbb{P}$.

Zur Umkehrung wenden wir das quadratische Reziprozitätsgesetz an. Wir müssen zeigen, dass $(\frac{3}{F(n)}) = -1$ ist. Da $F(n) = 2^{2^n} + 1 \equiv 1 \ (\mathrm{mod}\ 4)$ ist, müssen wir nach dem Reziprozitätsgesetz zeigen, dass $(\frac{F(n)}{3}) = -1$ ist. Nun ist aber $2^{2^n} + 1 = 4^{2^{n-1}} + 1 \equiv 1 + 1 \equiv 2 \ (\mathrm{mod}\ 3)$, also ist $F(n)$ NR mod 3. $\qquad\square$

Übung 51. *Sei G beliebige zyklische Grupe, $|G| = m$, $m = p_1^{k_1} \cdots p_t^{k_t}$ die Primzahlzerlegung. Zeige: g ist Primitivwurzel $\Longleftrightarrow g^{\frac{m}{p_i}} \neq 1$ für alle i.*

Übung 52. *Verifiziere, dass $F(3) = 2^8 + 1$ prim ist, und mit Ausdauer (oder einem Rechner), dass $F(5)$ nicht prim ist.*

Übung 53. *Wir haben in Übung 40 gezeigt, dass $p \in \mathbb{P}$, $p \equiv 3 \ (\mathrm{mod}\ 4)$, $2p + 1 \in \mathbb{P} \Longrightarrow 2p+1 \big| M(p)$. Zeige die Umkehrung: Falls $p \in \mathbb{P}$, $p \geq 3$, $2p+1 \big| M(p)$, dann ist $2p+1$ Primzahl.* *Hinweis: Satz 2.19.*

Nun drehen wir den Test um und entwickeln eine notwendige Bedingung für die Primalität, die den Satz von Fermat verschärft.

Satz 2.21. *Sei $n \in \mathbb{P}$, $n - 1 = 2^s p_1^{k_1} \cdots p_t^{k_t}$, $d = \frac{n-1}{2^s} = p_1^{k_1} \cdots p_t^{k_t}$. Ist a relativ prim zu n, dann gilt*

$$a^d \equiv 1 \ (\mathrm{mod}\ n) \tag{1}$$

oder

$$a^{2^r d} \equiv -1 \ (\mathrm{mod}\ n)\, \textit{für ein r mit} \ \ 0 \leq r \leq s - 1. \tag{2}$$

Beweis. Es ist $n - 1 = 2^s d$, und somit $(a^d)^{2^s} \equiv 1 \ (\mathrm{mod}\ n)$. Sei $\mathrm{ord}(a^d) = 2^r$, $0 \leq r \leq s$.

Fall 1. $r = 0$. Dann haben wir $a^d \equiv 1 \ (\mathrm{mod}\ n)$.

Fall 2. $r \geq 1$. Dann ist $\mathrm{ord}(a^{2^{r-1}d}) = 2$, also $a^{2^{r-1}d} \equiv -1 \ (\mathrm{mod}\ n)$, und wir erhalten den zweiten Fall der Behauptung. $\qquad\square$

Beispiel.   Nehmen wir die Carmichael Zahl $n = 561$. Wir wissen, dass der Fermat Test nicht funktioniert. Wir probieren $a = 2$. Mit $n - 1 = 560 = 2^4 \cdot 35$, $d = 35$, erhalten wir der Reihe nach

$$2^{35} \equiv 263 \pmod{561}$$
$$2^{70} \equiv 166 \pmod{561}$$
$$2^{140} \equiv 67 \pmod{561}$$
$$2^{280} \equiv 1 \pmod{561}.$$

Die notwendige Bedingung ist also nicht erfüllt, und wir schließen: 561 ist keine Primzahl.

Wollen wir den letzten Satz anwenden, um die Primalität einer Zahl n zu überprüfen, so suchen wir sogenannte *Miller-Rabin Zeugen* für die Nicht-Primalität, also Zahlen a mit $1 \leq a \leq n - 1$, $(a, n) = 1$, die weder (1) noch (2) erfüllen. Ein Miller-Rabin *Nicht-Zeuge* a genügt somit (1) oder (2), also gilt $a^{n-1} \equiv 1 \pmod{n}$, das heißt a ist auch Fermat Nicht-Zeuge. Natürlich sind 1 und -1 immer solche Nicht-Zeugen.

Das folgende Resultat verschärft Hilfssatz 2.17 und ist die Grundlage des Miller-Rabin Tests.

Satz 2.22.   *Sei $n \geq 3$ eine ungerade zusammengesetzte Zahl, $n - 1 = 2^s d$. Dann gibt es in $\{1, 2, \ldots, n - 1\}$ höchstens $\frac{n-1}{4}$ Miller-Rabin Nicht-Zeugen, das heißt a mit*

$$a^d \equiv 1 \pmod{n} \tag{3}$$

oder

$$a^{2^r d} \equiv -1 \pmod{n} \ \textit{für ein } r, \ 0 \leq r \leq s - 1. \tag{4}$$

Der Beweis besteht darin, dass wir die Anzahl der a's abschätzen, die (3) bzw. (4) erfüllen. Dazu brauchen wir zwei Hilfssätze.

Hilfssatz 2.23.   *Sei $G = \{1, g, g^2, \ldots, g^{m-1}\}$ zyklische Gruppe, $|G| = m$. Für $k \geq 1$ hat die Gleichung $x^k = 1$ genau $d = (m, k)$ viele Lösungen in G.*

Übung 54.   *Beweise den Hilfssatz.*

Hinweis: Es ist $(g^j)^k = 1 \Leftrightarrow m \mid jk$.

Hilfssatz 2.24.   *Sei $p \in \mathbb{P}$, $p \geq 3$, $e \in \mathbb{N}$ ungerade. Es sei $p - 1 = 2^s d$, d ungerade.*

Dann ist die Anzahl A der $a \in \mathbb{Z}_p^*$ mit $a^{2^r e} \equiv -1 \pmod{p}$

$$A = \begin{cases} 0 & \text{für } r \geq s \\ 2^r(d,e) & \text{für } r < s. \end{cases}$$

Beweis. Sei g Primitivwurzel von $\mathbb{Z}_p^*$. Setzen wir $a = g^j$, dann suchen wir also die Anzahl der $j \in \{0, \ldots, p-2\}$ mit $g^{j2^r e} \equiv -1 \pmod{p}$. Wir haben $g^{2^{s-1}d} = g^{\frac{p-1}{2}} \equiv -1 \pmod{p}$ (beachte $s \geq 1$, da p ungerade ist), also nach Übung 24

$$g^{j2^r e} \equiv -1 \pmod{p} \Leftrightarrow j2^r e \equiv 2^{s-1}d \pmod{2^s d}$$
$$\Leftrightarrow 2^s d \,\big|\, j2^r e - 2^{s-1}d \,.$$

Für $r \geq s$ ergibt dies

$$2d \,\big|\, j2^{r-s+1}e - d \,,$$

was nicht geht, da die rechte Seite ungerade ist. Sei also $r < s$. Dann schließen wir

$$2^s d \,\big|\, 2^{s-1}d - je2^r \Leftrightarrow 2^{s-r}d \,\big|\, 2^{s-r-1}d - je$$
$$\Leftrightarrow je = 2^{s-r-1}du, \ u \text{ ungerade}$$
$$\Leftrightarrow j = \frac{2^{s-r-1}du}{e} < 2^s d = p - 1. \tag{5}$$

Also haben wir $e\big|2^{s-r-1}du$, somit $e\big|du$ (e ist ungerade), daher $\frac{e}{(d,e)}\big|u$, und $u < 2^{r+1}e$ wegen (5). Somit ist für ein $h \geq 1$,

$$u = \frac{e}{(d,e)}(2h-1) < 2^{r+1}e \,.$$

Jedes solche u erfüllt (5), und wegen

$$2h - 1 < 2^{r+1}(d,e) \Leftrightarrow h \leq 2^r(d,e)$$

ist demnach $A = 2^r(d,e)$. $\qquad\qquad\qquad\qquad\qquad\qquad\qquad\qquad\qquad\square$

Beweis des Satzes.

Fall 1. n ist durch eine Primzahlpotenz p^k, $k \geq 2$, teilbar, $n = p^k m$, $(p,m) = 1$.

Wir zeigen, dass es höchstens $\frac{n-1}{4}$ $a \in \{1, \ldots, n-1\}$ mit $a^{n-1} \equiv 1 \pmod{n}$ gibt. Solch ein a erfüllt

$$a^{n-1} \equiv 1 \pmod{p^k} \tag{6}$$

$$a^{n-1} \equiv 1 \pmod{m}. \tag{7}$$

Nach Hilfssatz 2.23 gibt es $(n-1, p^{k-1}(p-1))$ Lösungen von (6), wobei $(n-1, p^{k-1}(p-1)) = (n-1, p-1) \le p-1$ wegen $(n-1, p) = 1$. Nach dem Chinesischen Restsatz gibt es also höchstens $A \le (p-1)(m-1)$ Lösungen insgesamt. Nun gilt für ein Produkt $r = st$ von natürlichen Zahlen immer $r-1 \ge (s-1)(t-1)$. Wegen $p \ge 3$ ergibt dies

$$A \le (p-1)(m-1) = \frac{p^2-1}{p+1}(m-1) \le \frac{p^k-1}{4}(m-1) \le \frac{n-1}{4}.$$

Fall 2. $n = p_1 p_2$, $p_1 \ne p_2$.

Sei wie bisher $n-1 = 2^s d$ und analog $p_i - 1 = 2^{s_i} d_i$ $(i = 1, 2)$ und o. B. d. A. $s_1 \le s_2$. Ferner sei $a_i = (d, p_i - 1)$, also wegen d ungerade

$$a_1 = (d, d_1) \le d_1, \ a_2 = (d, d_2) \le d_2. \tag{8}$$

Wir schätzen zunächst die Anzahl B der $a \in \{1, \ldots, n-1\}$ ab, die (3) erfüllen. Es gilt

$$a^d \equiv 1 \pmod{p_1}, \ a^d \equiv 1 \pmod{p_2}, \tag{9}$$

und die Anzahl der Lösungen der Kongruenzen in (9) sind nach Hilfssatz 2.23 a_1 bzw. a_2. Nach dem Chinesischen Restsatz ist daher $B = a_1 a_2$.

Sei A_r die Anzahl der Lösungen von (4) für $r \in \{0, 1, \ldots, s-1\}$. Es gilt

$$a^{2^r d} \equiv -1 \pmod{p_1}, \ a^{2^r d} \equiv -1 \pmod{p_2}. \tag{10}$$

Die Anzahl der Lösungen von (10) ist nach Hilfssatz 2.24 0 falls $r \ge s_1$ ist bzw. $2^r a_1$ und $2^r a_2$ für $r < s_1$, also nach dem Chinesischen Restsatz

$$A_r = \begin{cases} 0 & r \ge s_1 \\ 4^r a_1 a_2 & r < s_1. \end{cases}$$

Für die Gesamtzahl A der Miller-Rabin Nicht-Zeugen ergibt dies (beachte $s_1 \le s_2$)

$$A \le a_1 a_2 \left(1 + \sum_{r=0}^{s_1-1} 4^r\right) = a_1 a_2 \left(1 + \frac{4^{s_1}-1}{3}\right)$$

also

$$\frac{A}{n-1} \le \frac{a_1 a_2 \left(1 + \frac{4^{s_1}-1}{3}\right)}{2^{s_1} d_1 \cdot 2^{s_2} d_2} = \frac{a_1 a_2}{d_1 d_2} \frac{4^{s_1}+2}{3(2^{s_1+s_2})}. \tag{11}$$

Fall 2.1. $s_1 < s_2$. Dann ist wegen (8) und $s_1 \ge 1$

$$\frac{A}{n-1} \le \frac{4^{s_1}+2}{3 \cdot 2^{2s_1+1}} \le \frac{1}{3}\left(\frac{1}{2} + \frac{1}{4}\right) = \frac{1}{4}.$$

Fall 2.2. $s_1 = s_2$. Es können nicht beide Gleichungen $a_1 = d_1$ und $a_2 = d_2$ gelten. Denn dies würde nach (8) implizieren $d_1 \big| d$, $d_2 \big| d$ und daher

$$2^s d = n - 1 = p_1 p_2 - 1 = (p_1 - 1)p_2 + p_2 - 1 \equiv p_2 - 1 \pmod{p_1 - 1 = 2^{s_1} d_1}$$

also

$$2^s d \equiv p_2 - 1 \pmod{d_1}.$$

Aus $d_1 \big| d$ folgt aber $d_1 \big| 2^s d$, daher $d_1 \big| p_2 - 1 = 2^{s_2} d_2$, somit $d_1 \big| d_2$. Analog haben wir $d_2 \big| d_1$, somit $d_1 = d_2$, $s_1 = s_2$, das heißt $p_1 = p_2$, Widerspruch.

Es sei o. B. d. A. $a_1 < d_1$, also $a_1 \leq \frac{d_1}{3}$ (da $a_1 \big| d_1$ gilt, und beide Zahlen ungerade sind). Die Abschätzung (11) ergibt nun mit $s_1 \geq 1$

$$\frac{A}{n-1} \leq \frac{1}{3} \frac{4^{s_1} + 2}{3 \cdot 4^{s_1}} = \frac{1}{9} + \frac{2}{9 \cdot 4^{s_1}} \leq \frac{1}{9} + \frac{2}{36} = \frac{1}{6} < \frac{1}{4}.$$

Fall 3. $n = p_1 p_2 \cdots p_t$, $t \geq 3$.

Dies geht analog zu Fall 2, wobei die letzte Fallunterscheidung nicht mehr nötig ist.

□

Übung 55.   *Führe die Details von Fall 3 aus.*

Übung 56.   *Überprüfe Satz 2.22 für $n = 15$. Wie viele Miller-Rabin Nicht-Zeugen gibt es?*

Miller-Rabin Test

Input: $n \geq 3$ ungerade.

1.   Wähle $1 \leq a \leq n-1$ zufällig. Falls $(a, n) \neq 1$ ist, gib $n \notin \mathbb{P}$ aus. Andernfalls:

2.   Berechne $a^d, a^{2d}, \ldots, a^{2^{s-1}d}$ und teste (3) und (4). Falls (3) und (4) nicht erfüllt sind, gib $n \notin \mathbb{P}$ aus. Andernfalls gib „n mögliche Primzahl" aus.

3.   Wiederhole t Mal. Entweder $n \notin \mathbb{P}$ oder falls a immer Nicht-Zeuge ist, dann gilt $\Pr(n \notin \mathbb{P}) \leq \frac{1}{4^t}$.

Für $t = 10$ ergibt dies bereits $\Pr(n \notin \mathbb{P}) \leq \frac{1}{2^{20}} \sim \frac{1}{10^6}$.

Bemerkung. Alle Berechnungen im Miller-Rabin Test (wie auch im Fermat Test) können effizient (in polynomieller Zeit) durchgeführt werden.

2.6 Wo liegen die Primzahlen?

Die Primzahlen scheinen keinem Gesetz zu gehorchen. Zum Beispiel gibt es *Primzahlzwillinge*, die nur um 2 voneinander abweichen: $3, 5; 5, 7; 11; 13$ oder $361700055 \cdot 2^{39020} \pm 1$ (mit 11755 Stellen).

Es ist ein uraltes ungelöstes Problem, ob es unendlich viele Primzahlzwillinge gibt. Wenn ja, dann liegen sie sehr dünn, da die folgende Beziehung gilt:

$$\sum_{p, p+2 \in \mathbb{P}} \left(\frac{1}{p} + \frac{1}{p+2} \right) = B \sim 1,9021 < \infty.$$

Andererseits gibt es auch beliebig lange Lücken. Sei nämlich

$$N := 2 \cdot 3 \cdot 5 \cdots p \quad \text{über alle Primzahlen } \leq k+1,$$

so sind die k aufeinanderfolgenden Zahlen

$$N+2, N+3, \ldots, N+k, N+k+1$$

alle keine Primzahlen.

Beispiel. $k = 9$, dann ist $N = 2 \cdot 3 \cdot 5 \cdot 7 = 210$, und wir erhalten 9 aufeinanderfolgende zusammengesetzte Zahlen

$$212, 213, 214, 215, 216, 217, 218, 219, 220.$$

Ein positives Resultat ist das Bertrandsche Postulat: Zwischen n und $2n$ liegt stets eine Primzahl. Es wurde von Tschebyscheff bewiesen. Aber wie schon erwähnt ist die entsprechende Aussage für aufeinanderfolgende Quadrate n^2 und $(n+1)^2$ nach wie vor offen.

Zum genauen Studium der Lage der Primzahlen führen wir die sogenannte *Primzahlfunktion* $\pi(x)$ ein:

$$\pi(x) = \#\{p \in \mathbb{P} : p \leq x\}, \quad x \in \mathbb{R}.$$

$\pi(x)$ ist eine Treppenfunktion, die stets um 1 springt, wenn $x \in \mathbb{P}$ ist. Sehen wir uns die ersten 10er Potenzen an:

n	$\pi(n)$	$n/\pi(n)$
10	4	$2,5$
100	25	$4,0$
1000	168	$6,0$
10000	1229	$8,1$
100000	9592	$10,4$
1000000	78498	$12,7$
10000000	664579	$15,0$

Man bemerkt, dass $n/\pi(n)$ immer um ungefähr $2,3$ steigt, wenn wir zur nächsten 10er Potenz übergehen. Nun ist $2,3 \sim \log 10$ und wir vermuten (wie es Gauß mit 15 Jahren getan hat), dass

$$\frac{10n}{\pi(10n)} \sim \frac{n}{\pi(n)} + \log 10$$

gilt, das heißt

$$\frac{n}{\pi(n)} \sim \log n \quad \text{oder} \quad \pi(n) \sim \frac{n}{\log n}.$$

Sehen wir uns die Kurven $\pi(x)$ und $\frac{x}{\log x}$ unter einem „Mikroskop" an, so erkennt man tatsächlich eine verblüffende Übereinstimmung.

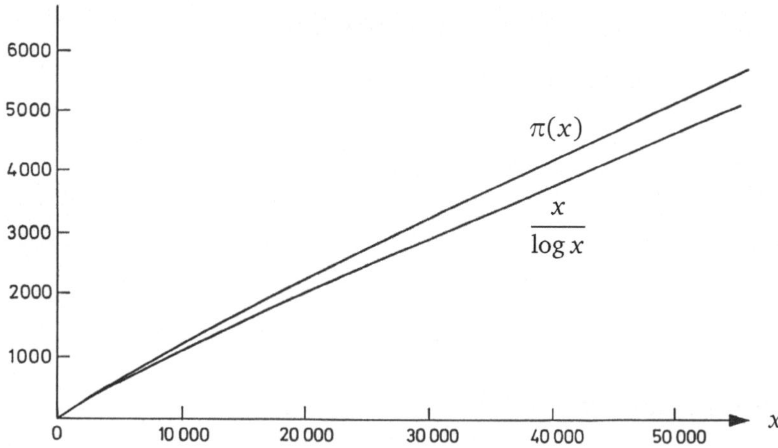

Der sogenannte *Primzahlsatz*

$$\pi(x) \sim \frac{x}{\log x}, \quad \text{d.h.} \quad \lim_{x \to \infty} \frac{\pi(x)}{x/\log x} = 1$$

wurde 1896 von Hadamard und de la Valleé Poussin bewiesen. Er ist zweifellos eines der erstaunlichsten Ergebnisse der gesamten Mathematik: Während die Primzahlen lokal chaotisch auftreten, so ist ihr globales Verhalten vollkommen regelmäßig.

Wir beweisen eine etwas schwächere Variante von Tschebyscheff.

Satz 2.25. *Es gibt Konstanten $A, B > 0$, so dass gilt:*

$$A\frac{x}{\log x} < \pi(x) < B\frac{x}{\log x} \quad (x \geq 2). \tag{1}$$

Dabei können wir $A = \frac{\log 2}{4}$, $B = 8 \log 2$ wählen.

Beweis. Angenommen, wir haben bereits die beiden folgenden Aussagen bewiesen:

$$\pi(2n) \geq \frac{n \log 2}{\log(2n)} \tag{2}$$

$$\pi(2n) - \pi(n) \leq \frac{2n \log 2}{\log n} \qquad (n \geq 2). \tag{3}$$

Wir wollen zeigen, dass daraus (1) folgt.

Zur unteren Schranke: Es sei $x \geq 2$ und n so gewählt, dass $2n \leq x < 2n+2$ ist. Dann haben wir

$$\pi(x) \geq \pi(2n) \overset{(2)}{\geq} \frac{n \log 2}{\log(2n)} \geq \frac{n \log 2}{\log x} \geq \frac{(2n+2)\log 2}{4 \log x} > \frac{\log 2}{4} \cdot \frac{x}{\log x}.$$

Nun zur oberen Schranke: Es sei $2^{k-1} < x \leq 2^k$. Für $k \leq 2$ ist die obere Schranke in (1) sicher erfüllt. Sei also $k \geq 3$. Wendet man (3) auf $n = 2^i$ für $i = 2, \ldots, k-1$ an, so erhält man mit $\frac{\log 2^i}{\log 2} = \log_2 2^i = i$

$$\pi(2^k) \leq \pi(2^{k-1}) + \frac{2^k}{k-1} \leq \cdots \leq \pi(4) + \sum_{i=2}^{k-1} \frac{2^{i+1}}{i}$$

$$< \sum_{i=1}^{k-1} \frac{2^{i+1}}{i} \leq \frac{2^{k+2}}{k},$$

wobei die letzte Ungleichung leicht durch Induktion folgt. Daraus ergibt sich

$$\pi(x) \leq \pi(2^k) < \frac{2^{k+2}}{k} < 8x \frac{\log 2}{\log x} = (8 \log 2) \frac{x}{\log x},$$

und die obere Schranke in (1) ist bewiesen.

Nun müssen wir noch die Ungleichungen (2) und (3) nachweisen, und dazu benutzen wir die Primzerlegung von $\binom{2n}{n}$.

Aus Abschnitt 1.2, Gleichung (7) wissen wir, dass für $p \in \mathbb{P}$ die höchste Potenz e_p mit $p^{e_p} \big| \binom{2n}{n}$ gleich

$$e_p = \sum_{i \geq 1} (\lfloor \frac{2n}{p^i} \rfloor - 2 \lfloor \frac{n}{p^i} \rfloor)$$

ist. Alle Summanden sind 0 oder 1, und der Summand ist jedenfalls 0 für alle i mit $p^i > 2n$. Daraus folgt

$$e_p \leq \max\{r : p^r \leq 2n\},$$

und somit

$$\binom{2n}{n}\Bigg|\prod_{p\in\mathbb{P}:\,p^r\leq 2n} p^r. \tag{4}$$

Weiter sehen wir, dass für eine Primzahl p mit $n < p \leq 2n$ gilt: $p\,|\,(2n)!$, $p \nmid n!$, also folgt

$$\prod_{n<p\leq 2n} p\ \Bigg|\ \binom{2n}{n}. \tag{5}$$

Nehmen wir (4) und (5) zusammen, so sehen wir

$$\prod_{n<p\leq 2n} p \leq \binom{2n}{n} \leq \prod_{p^r\leq 2n} p^r \leq \prod_{p\leq 2n}(2n)$$

und daraus

$$n^{\pi(2n)-\pi(n)} \leq \binom{2n}{n} \leq (2n)^{\pi(2n)},$$

bzw. durch Logarithmieren und der Ungleichung $2^n \leq \binom{2n}{n} \leq 2^{2n}$

$$\pi(2n) - \pi(n) \leq \frac{2n\log 2}{\log n} \quad \text{und} \quad \pi(2n) \geq \frac{n\log 2}{\log(2n)}.$$

$\square$

Übung 57. *Zeige: Sei p_r die r–te Primzahl, dann gibt es Konstanten $a, b > 0$ mit $ar\log r < p_r < br\log r$.*

Hinweis. Setze $x = p_r$ und verwende den Satz.

Übung 58. *Wir wissen, dass die Zahlen $2^{2^n} + 1$, $n = 0, 1, 2, \ldots$, paarweise relativ prim sind. Folgere $p_{n+1} \leq 2^{2^n} + 1$ für die $(n + 1)$-ste Primzahl und daraus $\pi(x) \geq \log\log x$ $(x \geq 2)$.*

2.7   Wie erzeugt man Primzahlen?

Seit den Anfängen der Zahlentheorie hat man versucht, einfache Funktionen zu finden, z. B. Polynome, die bei Auswertung in ganzzahligen Stellen *Primzahlen* ergeben. Zuerst ein negatives Ergebnis.

Übung 59. *Es gibt kein Polynom $f(x) \in \mathbb{Z}[x]$, Grad $f \geq 1$, das auf $\mathbb{N}$ nur Primzahlen als Werte hat.*

Hinweis. Sei $f(j) = p \in \mathbb{P}$, dann betrachte $f(j + kp) - f(j)$.

Das folgende Problem ist ungelöst: Sei $f(x) = a_0 + a_1 x + \cdots + a_d x^d \in \mathbb{Z}[x]$ ein irreduzibles Polynom (d.h. nicht weiter zerlegbar) mit $d \geq 1$ und $\mathrm{ggT}(a_0, a_1, \ldots, a_d)$ $= 1$. Gibt es dann immer ein $n_0 \in \mathbb{Z}$ mit $f(n_0) \in \mathbb{P}$?

Übung 59 impliziert, dass es auch kein Polynom $f(x_1, \ldots, x_s)$ über $\mathbb{Z}$ gibt, das nur Primzahlen als Werte annimmt. Auf der positiven Seite gibt es ein geradezu unglaubliches Ergebnis von Matiyasevich: Er hat ein Polynom in 26 Variablen konstruiert, dessen *positive* Werte genau die Primzahlen sind. Heute kennt man sogar die Existenz eines solchen Polynoms in 10 Variablen.

Wir stellen uns ein einfacheres Problem.

Problem. Konstruiere ein Polynom $f(x) \in \mathbb{Z}[x]$, so dass $f(0), f(1), \ldots, f(\ell)$ Primzahlen sind, und ℓ möglichst groß ist.

Sehen wir uns lineare Polynome $f(x) = dx + q$ an. Da $f(0) \in \mathbb{P}$ sein soll, muss q Primzahl sein. Für $f(q)$ erhalten wir $f(q) = dq + q \notin \mathbb{P}$, also ist $f(0), f(1), f(2), \ldots,$ $f(q-1)$ die längste mögliche Folge. Die Werte

$$f(0) = q, f(1) = d + q, f(2) = 2d + q, \ldots, f(q-1) = (q-1)d + q$$

bilden somit eine arithmetische Progression der Schrittlänge d.

Beispiel. $q = 2, d = 1: 2, 3$
$q = 3, d = 2: 3, 5, 7$ oder $d = 4: 3, 7, 11, d = 8: 3, 11, 19$.

Übung 60. *Finde zwei Folgen der Länge 5 für $q = 5$.*

Offenes Problem. Gibt es eine Folge der Länge q für *jede* Primzahl q?

Dass es beliebig lange arithmetische Progressionen in $\mathbb{P}$ gibt, wurde erst kürzlich in einer berühmten Arbeit von Green und Tao gezeigt. Bis dahin hatte die längste bekannte Progression Länge 22 und startete mit $q = 11410337850553$ mit Schrittlänge $d = 4609098694200$.

Als nächstes sehen wir uns quadratische Polynome der Form $f(x) = x^2 + x + q$, $q \in \mathbb{P}$, an. Da $f(q-1) = (q-1)^2 + (q-1) + q = q^2 \notin \mathbb{P}$ ist, können wir höchstens $f(0), f(1), \ldots, f(q-2)$ in $\mathbb{P}$ erwarten, also insgesamt $q - 1$ Werte.

Beispiel. $q = 2:\ f(x) = x^2 + x + 2$ ergibt $f(0) = 2$

$q = 3:\ f(x) = x^2 + x + 3$ ergibt $f(0) = 3, f(1) = 5$

$q = 5:\ f(x) = x^2 + x + 5$ ergibt $f(0) = 5, f(1) = 7, f(2) = 11, f(3) = 17$.

Offenbar müssen wegen $f(1) = q + 2$, q und $q + 2$ Primzahlzwillinge sein, das heißt $q = 13$ funktioniert schon im ersten Schritt nicht.

Euler hat mit seinem berühmten Polynom $f(x) = x^2 + x + 41$ gezeigt, dass $q = 41$ tatsächlich 40 Primzahlen liefert. Gibt es noch größere q? Diese Frage führt zu einem der interessantesten Teilgebiete der Zahlentheorie, der *algebraischen Zahlentheorie*. Wir werden in Kapitel 4 *alle* diese Primzahlen q bestimmen: Es sind genau die Zahlen $2, 3, 5, 11, 17$ und 41. Eulers Polynom *kann* nicht übertroffen werden!

3 Irrationale Zahlen

Wir wissen, dass die Dezimaldarstellung $\alpha = a_0, a_1 a_2 a_3 \ldots$ einer irrationalen Zahl α nicht abbricht. Natürlich kann α durch die Folge der Brüche $a_0, a_0 + \frac{a_1}{10}, a_0 + \frac{a_1}{10} + \frac{a_2}{10^2}, \ldots$ beliebig genau angenähert werden, aber die Nenner 10^n wachsen schnell gegen Unendlich. Gibt es „bessere" Folgen, deren Nenner langsamer wachsen?

Beispiel. Betrachten wir die Gleichung $x^2 - 7y^2 = 1$. Wir fragen nach den ganzzahligen Lösungen. Oder geometrisch ausgedrückt: Wir suchen nach den *Gitterpunkten*, die auf der Hyperbel $x^2 - 7y^2 = 1$ liegen.

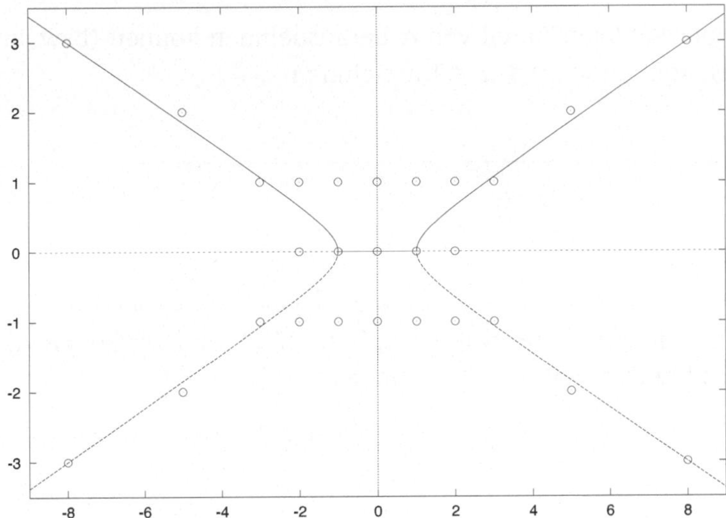

Man findet sofort die Lösung $x = 8$, $y = 3$. Daraus erhalten wir

$$(8 - 3\sqrt{7})(8 + 3\sqrt{7}) = 1,$$

also

$$\frac{8}{3} - \sqrt{7} = \frac{1}{3(8 + 3\sqrt{7})} \sim 0,02.$$

Der Bruch $\frac{8}{3}$ ist also eine recht gute Approximation der Irrationalzahl $\sqrt{7}$ (mit kleinem Nenner 3). Eine weitere Lösung ist $x = 127$, $y = 48$, und die Annäherung $\frac{127}{48}$ an $\sqrt{7}$ ist schon auf 4 Dezimalen genau.

Problem. Gibt es unendlich viele Lösungen der Gleichung $x^2 - 7y^2 = 1$? Wird $\sqrt{7}$ durch die Lösungen immer besser approximiert? Strebt die Folge der Brüche gegen $\sqrt{7}$?

Jede Gleichung $f(x) = 0$, $f(x) \in \mathbb{Z}[x]$, heißt *Diophantische Gleichung*, und wir sehen aus dem Beispiel den erstaunlichen Zusammenhang zwischen den Lösungen einer Diophantischen Gleichung und der Approximation einer Irrationalzahl. Der genaue Zusammenhang wird ein Thema dieses Kapitels sein.

3.1 Approximation durch Brüche

Sei α eine beliebige reelle Zahl, und $N \in \mathbb{N}$.

Frage. Wie gut kann man α durch einen Bruch $\frac{p}{q}$ annähern, unter der Voraussetzung $q \leq N$?

Da wir den ganzzahligen Anteil von α herausnehmen können (bzw. in den Bruch hineingeben), können wir $0 \leq \alpha < 1$ annehmen.

Die Zeichnung zeigt, dass stets $\frac{p}{q}$ mit $q \leq N$ existiert, so dass $\left|\alpha - \frac{p}{q}\right| < \frac{1}{N}$ gilt. Offenbar liegt α in einem Intervall $[i/N, (i+1)/N)$, und wir können den näheren der beiden Endpunkte, z. B. $\frac{p}{q} = \frac{i}{N}$ nehmen.

Dass es besser geht, nämlich quadratisch, zeigt der folgende klassische Satz von Dirichlet.

Satz 3.1 (Dirichlet). *Sei $\alpha \in \mathbb{R}$, $N \in \mathbb{N}$. Dann existiert $\frac{p}{q} \in \mathbb{Q}$, $q \leq N$, so dass gilt:*

$$\left|\alpha - \frac{p}{q}\right| < \frac{1}{qN} \quad \left(\leq \frac{1}{q^2}\right).$$

Beweis. Wir benutzen das Schubfachprinzip, das genau wegen dieser (vielleicht ersten) Anwendung auch nach Dirichlet benannt wird. Wir führen das Symbol $\{\alpha\}$ ein: $\alpha = \lfloor\alpha\rfloor + \{\alpha\}$; $\{\alpha\}$ ist also der Anteil nach dem Kommazeichen, $0 \leq \{\alpha\} < 1$. Wegen

$$\left|\alpha - \frac{p}{q}\right| < \frac{1}{qN} \iff |q\alpha - p| < \frac{1}{N} \tag{1}$$

müssen wir ganze Zahlen p und q finden mit $q \leq N$, die die rechte Ungleichung in (1) erfüllen. Wir nehmen die Intervalleinteilung $[\frac{i}{N}, \frac{i+1}{N})$ mit $i = 0, 1, \ldots, N-1$ von $[0, 1)$ wie zuvor:

$$\vdash \quad)[\qquad) \qquad\qquad)[\qquad) \qquad\qquad)[\qquad\qquad)$$
$$0 \qquad \frac{1}{N} \quad \frac{2}{N} \qquad\qquad \frac{i}{N} \quad \frac{i+1}{N} \qquad\qquad \frac{N-1}{N} \quad 1$$

und betrachten die $N + 1$ Zahlen $\{\alpha\}, \{2\alpha\}, \ldots, \{(N + 1)\alpha\}$. Nach dem Schubfachprinzip gibt es Zahlen k, ℓ mit $1 \leq k < \ell \leq N + 1$, so dass $\{k\alpha\}$ und $\{\ell\alpha\}$ in demselben Teilintervall liegen, das heißt $|\{\ell\alpha\} - \{k\alpha\}| < \frac{1}{N}$. Mit $q = \ell - k \leq N$, $p = \lfloor \ell\alpha \rfloor - \lfloor k\alpha \rfloor$ erhalten wir

$$q\alpha = \ell\alpha - k\alpha = \lfloor \ell\alpha \rfloor - \lfloor k\alpha \rfloor + \{\ell\alpha\} - \{k\alpha\}$$
$$= p + \{\ell\alpha\} - \{k\alpha\},$$

somit

$$|q\alpha - p| = |\{\ell\alpha\} - \{k\alpha\}| < \frac{1}{N}$$

wie gewünscht. $\qquad\qquad\qquad\qquad\qquad\qquad\qquad\qquad\qquad\qquad\qquad\square$

Übung 61. *Folgere aus dem Satz, dass es für eine Irrationalzahl α unendlich viele $\frac{p}{q}$ gibt mit $|\alpha - \frac{p}{q}| < \frac{1}{q^2}$.*

Hinweis. Angenommen, es gibt nur endlich viele, dann betrachte das Minimum über $|q\alpha - p|$.

Übung 62. *Zeige, dass die Aussage in Übung 61 für rationale Zahlen α falsch ist.*

Die letzte Übung zeigt, dass es paradoxerweise genau die rationalen Zahlen sind, die schlecht approximiert werden können. Wir werden dies später noch genauer beleuchten.

Frage. Kann der Satz von Dirichlet verbessert werden? Sei $\alpha \notin \mathbb{Q}$. Gibt es *unendlich viele* Brüche $\frac{p}{q}$ mit

$$\left|\alpha - \frac{p}{q}\right| < \frac{c}{q^2} \quad \text{und} \quad c < 1?$$

Gibt es unendlich viele Brüche $\frac{p}{q}$ mit

$$\left|\alpha - \frac{p}{q}\right| < \frac{1}{q^3}?$$

Gibt es so etwas wie eine „bestmögliche" Approximation bei gegebener Nennergröße?

Diesen Fragen wollen wir uns nun mit einer der elegantesten und anwendungsreichsten Ideen der Zahlentheorie zuwenden.

3.2 Kettenbrüche

Wir beginnen mit dem Euklidischen Algorithmus zur Berechnung des größten gemeinsamen Teilers. Seien a und b ganze Zahlen mit $b > 0$. Der Euklidische Algorithmus funktioniert bekanntlich folgendermaßen:

$$a = a_1 b + r_1 \qquad 0 < r_1 < b$$
$$b = a_2 r_1 + r_2 \qquad 0 < r_2 < r_1$$
$$r_1 = a_3 r_2 + r_3 \qquad 0 < r_3 < r_2$$
$$\vdots$$
$$r_{k-2} = a_k r_{k-1} \qquad r_{k-1} \geq 1, r_k = 0.$$

Wir können dies auch so schreiben:

$$\frac{a}{b} = a_1 + \frac{r_1}{b} \qquad 0 < \frac{r_1}{b} < 1$$

$$= a_1 + \frac{1}{b/r_1} \qquad 1 < \frac{b}{r_1} = a_2 + \frac{r_2}{r_1},$$

$$= a_1 + \cfrac{1}{a_2 + \cfrac{r_2}{r_1}} \qquad 0 < \frac{r_2}{r_1} < 1$$

$$= a_1 + \cfrac{1}{a_2 + \cfrac{1}{r_1/r_2}} \qquad 1 < \frac{r_1}{r_2} = a_3 + \frac{r_3}{r_2}$$

$$\vdots$$

$$= a_1 + \cfrac{1}{a_2 + \cfrac{1}{a_3 + \cfrac{\ddots}{\quad \cfrac{1}{a_k}}}}.$$

Wir nennen die letzte Form die *Kettenbruchentwicklung* von $\frac{a}{b}$ und schreiben kurz: $\frac{a}{b} = [a_1, a_2, \dots, a_k]$.

Jeder Ausdruck $[a_1, a_2, \dots, a_k]$ ist also eine rationale Zahl $\frac{p_k}{q_k}$. Wir wollen nun die fundamentale Rekursionsformel für die $\frac{p_k}{q_k}$ herleiten, aus der alles andere folgen wird.

Satz 3.2. *Sei $a_1, a_2, a_3, \dots$ eine Folge beliebiger reeller Zahlen mit $a_i > 0$ für $i \geq 2$. Für die durch*

$$p_0 = 1, \quad p_1 = a_1 \qquad \text{und} \qquad p_n = a_n p_{n-1} + p_{n-2} \qquad (n \geq 2) \qquad (1)$$
$$q_0 = 0, \quad q_1 = 1 \qquad \qquad q_n = a_n q_{n-1} + q_{n-2}$$

definierten Zahlenfolgen gilt

$$\frac{p_n}{q_n} = [a_1, a_2, \dots, a_n] \quad (n \geq 1).$$

Beweis. Wir haben $[a_1] = \frac{a_1}{1} = \frac{p_1}{q_1}$, $[a_1, a_2] = a_1 + \frac{1}{a_2} = \frac{a_2 a_1 + 1}{a_2} = \frac{a_2 p_1 + p_0}{a_2 q_1 + q_0} = \frac{p_2}{q_2}$. Die Aussage sei richtig für alle Folgen a_i bis zum Index $n - 1$.

Aus

$$a_1 + \cfrac{1}{a_2 + \cfrac{1}{\ddots \; \cfrac{1}{a_{n-1} + \cfrac{1}{a_n}}}}$$

sehen wir, indem wir den letzten Bruch zusammenfassen:

$$[a_1, \dots, a_n] = [a_1, \dots, a_{n-2}, a_{n-1} + \frac{1}{a_n}] = \frac{(a_{n-1} + \frac{1}{a_n}) p_{n-2} + p_{n-3}}{(a_{n-1} + \frac{1}{a_n}) q_{n-2} + q_{n-3}}$$

$$= \frac{(a_n a_{n-1} + 1) p_{n-2} + a_n p_{n-3}}{(a_n a_{n-1} + 1) q_{n-2} + a_n q_{n-3}} = \frac{a_n p_{n-1} + p_{n-2}}{a_n q_{n-1} + q_{n-2}} = \frac{p_n}{q_n}$$

nach Induktion. $\qquad\qquad\square$

Wir können die Rekursion in Matrixform bringen:

$$\begin{pmatrix} a_1 & 1 \\ 1 & 0 \end{pmatrix} \begin{pmatrix} a_2 & 1 \\ 1 & 0 \end{pmatrix} \cdots \begin{pmatrix} a_n & 1 \\ 1 & 0 \end{pmatrix} = \begin{pmatrix} p_n & p_{n-1} \\ q_n & q_{n-1} \end{pmatrix}. \qquad (2)$$

Es ist nämlich $\begin{pmatrix} a_1 & 1 \\ 1 & 0 \end{pmatrix} = \begin{pmatrix} p_1 & p_0 \\ q_1 & q_0 \end{pmatrix}$ und die letzte Matrixmultiplikation

$$\begin{pmatrix} p_{n-1} & p_{n-2} \\ q_{n-1} & q_{n-2} \end{pmatrix} \begin{pmatrix} a_n & 1 \\ 1 & 0 \end{pmatrix} = \begin{pmatrix} p_n & p_{n-1} \\ q_n & q_{n-1} \end{pmatrix}$$

ist genau die Rekursion (1).

Übung 63. *Sei $\frac{p_i}{q_i} = [a_1,\ldots,a_i]$, $i = 1,\ldots,n$. Zeige: $\frac{q_n}{q_{n-1}} = [a_n,\ldots,a_2]$ für $n \geq 2$. Was ist die Kettenbruchentwicklung von $\frac{p_n}{p_{n-1}}$?*

Übung 64. *Die Matrixform (2) sollte an die Fibonacci Zahlen erinnern. Was ist daher die Kettenbruchentwicklung von $\frac{F_{n+1}}{F_n}$?*

Sind alle Zahlen a_i ganz, also insbesondere $a_i \in \mathbb{N}$ für $i \geq 2$, so heißt $[a_1,a_2,\ldots,a_n]$ ein *einfacher* Kettenbruch. Die durch (1) definierten Folgen $(p_n),(q_n)$ sind dann ganzzahlig. Jeder einfache Kettenbruch $[a_1,a_2,\ldots,a_k]$ stellt also eine rationale Zahl dar, und umgekehrt kann jede rationale Zahl als einfacher Kettenbruch geschrieben werden. Ist die Kettenbruchentwicklung eindeutig? Offenbar nicht, wenn das Element $a_k = 1$ ist. Dann gilt $[a_1,\ldots,a_{k-1},1] = [a_1,\ldots,a_{k-1}+1]$. Dies ist aber die einzige Ausnahme.

Übung 65. *Seien $[a_1,\ldots,a_m] = [b_1,\ldots,b_n]$ einfache Kettenbrüche mit $a_m > 1, b_n > 1$. Zeige, dass dann $m = n$ und $a_i = b_i$ für alle i gilt. Folgere, dass jede rationale Zahl auf genau zwei Arten in einen endlichen Kettenbruch entwickelt werden kann.*

Hinweis: Betrachte $\alpha_i = [a_i,\ldots,a_m]$, $\beta_i = [b_i,\ldots,b_n]$.

3.3   Irrationalzahlen und unendliche Kettenbrüche

Die nächste Idee liegt nahe: Jeder endliche einfache Kettenbruch ist eine rationale Zahl $\frac{p_n}{q_n}$. Konvergiert die Folge $(\frac{p_n}{q_n})$? Und lässt sich umgekehrt jede reelle Zahl als ein endlicher oder unendlicher Kettenbruch schreiben?

Hilfssatz 3.3. *Es sei $a_1,a_2,a_3,\ldots$ eine Folge ganzer Zahlen mit $a_i > 0$ $(i \geq 2)$ und $r_n = \frac{p_n}{q_n} = [a_1,a_2,\ldots,a_n]$. Dann gilt:*

    1) $p_i q_{i-1} - p_{i-1} q_i = (-1)^i$ $(i \geq 1)$,

2) $\quad r_i - r_{i-1} = \frac{(-1)^i}{q_i q_{i-1}} \quad (i \geq 1)$,

3) $\quad p_i q_{i-2} - p_{i-2} q_i = (-1)^{i-1} a_i \quad (i \geq 2)$,

4) $\quad r_i - r_{i-2} = \frac{(-1)^{i-1} a_i}{q_i q_{i-2}} \quad (i \geq 2)$,

5) $\quad (p_i, q_i) = 1 \quad (i \geq 0)$,

6) $\quad 1 = q_1 \leq q_2 < q_3 < q_4 < q_5 < \cdots$.

Beweis. Aus der Formel (2) folgt durch Determinantenbildung 1) und daraus mit Division durch $q_i q_{i-1}$ auch 2). $\qquad\square$

Übung 66. *Beweise die weiteren Aussagen 3) bis 6).*

Die Aussagen des Hilfssatzes erinnern wieder an unser Vorgehen bei den Fibonacci Zahlen, und auch der Einschachtelungsprozess funktioniert ganz allgemein.

Hilfssatz 3.4. *Es sei $a_1, a_2, \ldots$ eine Folge ganzer Zahlen mit $a_i > 0$ $(i \geq 2)$ und $r_n = \frac{p_n}{q_n} = [a_1, a_2, \ldots, a_n]$. Dann gilt:*

1) $\quad r_1 < r_3 < r_5 < \ldots$ *bzw.* $\ldots < r_6 < r_4 < r_2$,

2) $\quad \lim\limits_{n \to \infty} r_n = \alpha$ *existiert und es ist $r_{2i-1} < \alpha < r_{2j}$ für alle i und j.*

Übung 67. *Beweise den Hilfssatz.*

Hinweis: Hilfssatz 3.3.

Damit können wir folgende Definition geben:

Definition. Sei $a_1, a_2, a_3, \ldots$ eine Folge ganzer Zahlen mit $a_i > 0$ für $i \geq 2$. Wir setzen

$$\alpha = [a_1, a_2, a_3, \ldots] := \lim_{n \to \infty} [a_1, a_2, \ldots a_n] = \lim_{n \to \infty} r_n.$$

Der Bruch $r_n = \frac{p_n}{q_n}$ heißt die n-te *Konvergente* von α, und $[a_1, a_2, a_3, \ldots]$ ein *einfacher (unendlicher) Kettenbruch*.

Der folgende Satz sagt aus, dass die unendlichen einfachen Kettenbrüche eindeutig die irrationalen Zahlen beschreiben.

Satz 3.5. *Es gilt:*

1) *Ein einfacher unendlicher Kettenbruch $[a_1, a_2, a_3, \ldots]$ ist stets irrational.*

2) *Ist $[a_1, a_2, a_3, \ldots] = [b_1, b_2, b_3, \ldots]$, so folgt $a_i = b_i$ für alle i.*

3) *Ist umgekehrt $\alpha \notin \mathbb{Q}$, so ist $\alpha = [a_1, a_2, a_3, \ldots]$ für eine (eindeutige) Folge $a_1, a_2, a_3, \ldots$.*

Beweis. 1) Wir wissen aus Hilfssatz 3.4, dass $\alpha = [a_1, a_2, a_3, \ldots]$ stets zwischen zwei aufeinanderfolgenden Konvergenten $r_n = \frac{p_n}{q_n}$, $r_{n+1} = \frac{p_{n+1}}{q_{n+1}}$ liegt. Daraus folgt

$$0 < \left| \alpha - r_n \right| < \left| r_{n+1} - r_n \right|$$

$$0 < \left| q_n \alpha - p_n \right| < q_n \left| r_{n+1} - r_n \right| = q_n \frac{1}{q_{n+1} q_n} = \frac{1}{q_{n+1}}.$$

Wäre $\alpha = \frac{c}{d} \in \mathbb{Q}$, so hätten wir

$$1 \le \left| q_n c - p_n d \right| < \frac{d}{q_{n+1}}.$$

Hier geht wegen $q_{n+1} \to \infty$ die rechte Seite gegen 0, Widerspruch.

Übung 68. *Beweise Teil 2).*

Hinweis: Zeige sukzessive $a_1 = b_1, a_2 = b_2, \ldots$. Zum Beispiel muss $a_1 = b_1 = \lfloor \alpha \rfloor$ sein.

3) Es sei $\alpha \notin \mathbb{Q}$. Wir setzen der Reihe nach $\alpha = \alpha_1$

$$a_1 = \lfloor \alpha_1 \rfloor, \quad \alpha_2 = \frac{1}{\alpha_1 - a_1}$$

$$a_2 = \lfloor \alpha_2 \rfloor, \quad \alpha_3 = \frac{1}{\alpha_2 - a_2}$$

$$\vdots$$

$$a_i = \lfloor \alpha_i \rfloor, \quad \alpha_{i+1} = \frac{1}{\alpha_i - a_i} \quad (i \ge 1). \tag{1}$$

Behauptung. Es ist $a_i \ge 1$ für $i \ge 2$.

Zunächst sehen wir, dass alle α_i irrational sind. Wäre nämlich $\alpha_{i+1} \in \mathbb{Q}$, so auch α_i wegen (1), und schließlich $\alpha = \alpha_1$, im Widerspruch zu $\alpha \notin \mathbb{Q}$. Somit haben wir für $i \geq 2$

$$a_{i-1} < \alpha_{i-1} < a_{i-1} + 1 \quad \text{oder} \quad 0 < \alpha_{i-1} - a_{i-1} < 1,$$

und daher

$$\alpha_i = \frac{1}{\alpha_{i-1} - a_{i-1}} > 1 \Longrightarrow a_i = \lfloor \alpha_i \rfloor \geq 1.$$

Äquivalent zu (1) ist

$$\alpha_i = a_i + \frac{1}{\alpha_{i+1}}.$$

Dies erinnert schon an einen Kettenbruch. Wir haben $\alpha = \alpha_1 = a_1 + \frac{1}{\alpha_2} = [a_1, \alpha_2] = a_1 + \frac{1}{a_2 + \frac{1}{\alpha_3}} = [a_1, a_2, \alpha_3]$, und allgemein

$$\alpha = [a_1, a_2, \ldots, a_{n-1}, \alpha_n].$$

Nun gilt laut der fundamentalen Rekursion für $n \geq 2$

$$\alpha - r_{n-1} = \alpha - \frac{p_{n-1}}{q_{n-1}} = \frac{\alpha_n p_{n-1} + p_{n-2}}{\alpha_n q_{n-1} + q_{n-2}} - \frac{p_{n-1}}{q_{n-1}}$$

$$= \frac{\alpha_n p_{n-1} q_{n-1} + p_{n-2} q_{n-1} - \alpha_n p_{n-1} q_{n-1} - p_{n-1} q_{n-2}}{(\alpha_n q_{n-1} + q_{n-2}) q_{n-1}}$$

$$= \frac{(-1)^n}{q_{n-1}(\alpha_n q_{n-1} + q_{n-2})} \longrightarrow 0$$

wegen $q_n \to \infty$ und $\alpha_n > 1$. Also erhalten wir $\alpha = \lim\limits_{n \to \infty} r_n$ und sind fertig. $\qquad\square$

Übung 69. *Sei $\alpha = [a_1, a_2, a_3, \ldots] \notin \mathbb{Q}$. Zeige:*

$$-\alpha = [-a_1 - 1, 1, a_2 - 1, a_3, a_4, \cdots], \textit{ falls } a_2 > 1 \textit{ ist}$$

bzw.

$$-\alpha = [-a_1 - 1, a_3 + 1, a_4, a_5, \cdots], \textit{ falls } a_2 = 1 \textit{ ist}.$$

Hinweis: Sei $-\alpha = [b_1, b_2, b_3, \ldots]$, dann betrachte $\alpha_i = [a_i, a_{i+1}, \ldots]$, $\beta_i = [b_i, b_{i+1}, \ldots]$.

Übung 70. *Bestimme die Kettenbruchentwicklung von $\sqrt{3}$.*

Übung 71. *Berechne $[2, 1, 1, 1, \ldots]$, $[2, 3, 1, 1, 1, \ldots]$, $[2, 1, 2, 1, 2, 1, \ldots]$.*

Beispiele. Aus unserer Diskussion der Fibonacci Zahlen in Zusammenhang mit Übung 64 erhalten wir für den goldenen Schnitt $\tau = \frac{1+\sqrt{5}}{2} = [1,1,1,1,\ldots]$. Wir können dies auch mit unserem Satz sehen. Sei $\alpha = [1,1,1,\ldots]$, dann ist $\alpha = [1,\alpha] = 1 + \frac{1}{\alpha}$, also Wurzel der Gleichung $x^2 = x + 1$, und somit $\alpha = \frac{1+\sqrt{5}}{2}$, da $\alpha > 1$ ist.

Für $\beta = 1+\sqrt{2} = 2+(\sqrt{2}-1) = 2+\frac{1}{1+\sqrt{2}} = 2+\frac{1}{\beta}$ erhalten wir $1+\sqrt{2} = [2,2,2,\ldots]$, und somit auch $\sqrt{2} = [1,2,2,2,\ldots]$.

Übung 72. *Es seien $\alpha = [a_1, a_2, \ldots]$ und $\beta = [b_1, b_2, \ldots]$ unendliche einfache Kettenbrüche. Zeige: Es sei n der kleinste Index mit $a_n \neq b_n$. Dann ist $\alpha < \beta \Leftrightarrow (-1)^{n-1} a_n < (-1)^{n-1} b_n$. Folgere: Ist $\gamma = [a_1, a_2, a_3, \ldots]$ mit $a_i \in \{1,2\}$ für alle i, so gilt $\frac{1+\sqrt{3}}{2} \leq \gamma \leq 1 + \sqrt{3}$.*

Hinweis: Benutze die Formel $[a_1, a_2, \ldots, a_{n-1}, \alpha_n] = [a_1, [a_2, \ldots, a_{n-1}, \alpha_n]]$.

3.4   Approximation mittels Kettenbrüchen

Wir wollen nun zeigen, dass die Kettenbruchentwicklung einer irrationalen Zahl α in einem gewissen Sinn die „beste" approximierende Folge von Brüchen ergibt. Wir gehen dazu in den folgenden Schritten vor:

Sei $\alpha \notin \mathbb{Q}$ und $r_n = \frac{p_n}{q_n}$ die n–te Konvergente.

A. $\quad \left| \alpha - \frac{p_n}{q_n} \right| < \frac{1}{q_{n+1}q_n} \leq \frac{1}{q_n^2} \qquad (n \geq 1).$

Da, wie gesehen, α zwischen $\frac{p_n}{q_n}$ und $\frac{p_{n+1}}{q_{n+1}}$ liegt, erhalten wir aus Hilfssatz 3.3

$$\left| \alpha - \frac{p_n}{q_n} \right| < \left| \frac{p_{n+1}}{q_{n+1}} - \frac{p_n}{q_n} \right| = \frac{1}{q_{n+1}q_n}.$$

Bemerkung. Wir haben damit auch einen neuen Beweis des Satzes von Dirichlet (siehe Übung 61): Es gibt unendlich viele Brüche $\frac{p}{q}$, nämlich alle Konvergenten $\frac{p_n}{q_n}$, mit $\left| \alpha - \frac{p}{q} \right| < \frac{1}{q^2}$.

B. $\quad \left| \alpha - \frac{p_n}{q_n} \right| < \left| \alpha - \frac{p_{n-1}}{q_{n-1}} \right| \qquad (n \geq 2).$

Aus $\alpha = [a_1, a_2, \ldots, a_{n-1}, \alpha_n]$ und der fundamentalen Rekursion erhalten wir

$$\left| \alpha - \frac{p_{n-1}}{q_{n-1}} \right| = \left| \frac{\alpha_n p_{n-1} + p_{n-2}}{\alpha_n q_{n-1} + q_{n-2}} - \frac{p_{n-1}}{q_{n-1}} \right| = \frac{1}{q_{n-1}(\alpha_n q_{n-1} + q_{n-2})}.$$

Nun ist $a_n < a_n + 1$, also

$$\alpha_n q_{n-1} + q_{n-2} < (a_n + 1)q_{n-1} + q_{n-2} = q_n + q_{n-1} \leq a_{n+1}q_n + q_{n-1} = q_{n+1}$$

und daher

$$\left|\alpha - \frac{p_{n-1}}{q_{n-1}}\right| > \frac{1}{q_{n-1}q_{n+1}} \geq \frac{1}{q_n q_{n+1}} > \left|\alpha - \frac{p_n}{q_n}\right|.$$

C. $\quad$ 1) $\quad \left|\alpha - \frac{p}{q}\right| < \left|\alpha - \frac{p_n}{q_n}\right| \quad (n \geq 2) \implies q > q_n$

$\qquad\quad$ 2) $\quad \left|q\alpha - p\right| < \left|q_n\alpha - p_n\right| \quad (n \geq 2) \implies q \geq q_{n+1}.$

Zunächst zeigen wir, dass 1) aus 2) folgt. Wäre nämlich $\left|\alpha - \frac{p}{q}\right| < \left|\alpha - \frac{p_n}{q_n}\right|$ aber $q \leq q_n$, so folgt durch Multiplikation der beiden Ungleichungen

$$\left|q\alpha - p\right| < \left|q_n\alpha - p_n\right| \xRightarrow{2)} q \geq q_{n+1}$$

also $q > q_n$, Widerspruch.

Angenommen $q < q_{n+1}$ in 2). Wir betrachten das Gleichungssystem

$$p_n x + p_{n+1} y = p$$
$$q_n x + q_{n+1} y = q.$$

Da die Determinante gleich ± 1 ist, haben wir eine eindeutige ganzzahlige Lösung $x = r$, $y = s$.

Wäre $r = 0$, so hätten wir $s = \frac{q}{q_{n+1}} > 0$, also $s \geq 1$ und somit $q \geq q_{n+1}$, Widerspruch. Wäre $s = 0$, so ergäbe dies $r = \frac{p}{p_n} = \frac{q}{q_n}$, somit $p = p_n$, $q = q_n$ im Widerspruch zu $\left|q\alpha - p\right| < \left|q_n\alpha - p_n\right|$.

Also gilt $rs \neq 0$. Wir behaupten, dass r und s verschiedenes Vorzeichen haben. Ist $s < 0$, so haben wir $rq_n = q - q_{n+1}s$, also $r > 0$. Ist andererseits $s \geq 1$, so folgt analog $rq_n = q - q_{n+1}s \leq q - q_{n+1} < 0$, also ist $r < 0$.

Wir wissen, dass $\alpha - \frac{p_n}{q_n}$, $\alpha - \frac{p_{n+1}}{q_{n+1}}$ verschiedenes Vorzeichen haben, also haben auch $q_n\alpha - p_n$ und $q_{n+1}\alpha - p_{n+1}$ verschiedenes Vorzeichen, und deshalb

$$r(q_n\alpha - p_n), \ s(q_{n+1}\alpha - p_{n+1})$$

dasselbe Vorzeichen.

Daraus ergibt sich schließlich

$$q\alpha - p = \alpha(q_n r + q_{n+1}s) - (p_n r + p_{n+1}s)$$
$$= r\underbrace{(q_n\alpha - p_n) + s(q_{n+1}\alpha - p_{n+1})}_{\text{gleiches Vorzeichen}}$$

und somit

$$\left| q\alpha - p \right| = |r|\left| q_n\alpha - p_n \right| + |s|\left| q_{n+1}\alpha - p_{n+1} \right|$$
$$> \left| q_n\alpha - p_n \right|.$$

Widerspruch.

Die Aussage **C)** besagt, dass unter allen Brüchen mit festem Nenner die Konvergenten bestmöglich sind. Wir können dies noch verschärfen und eine Eindeutigkeitsaussage machen.

D.   *Aus* $\left| \alpha - \dfrac{p}{q} \right| < \dfrac{1}{2q^2}$ *folgt* $\dfrac{p}{q} = \dfrac{p_n}{q_n}$ *für ein n.*

Angenommen $\frac{p}{q}$ ist keine Konvergente mit $q_n \le q < q_{n+1}$. Aus **C)** sehen wir, dass $\left| q\alpha - p \right| < \left| q_n\alpha - p_n \right|$ unmöglich ist, also haben wir

$$\left| q_n\alpha - p_n \right| \le \left| q\alpha - p \right| < \frac{1}{2q}$$

und somit

$$\left| \alpha - \frac{p_n}{q_n} \right| < \frac{1}{2q\,q_n}.$$

Da $\frac{p}{q} \ne \frac{p_n}{q_n}$ impliziert $\left| p\,q_n - q\,p_n \right| \ge 1$, ergibt dies

$$\frac{1}{q\,q_n} \le \frac{\left| p\,q_n - q\,p_n \right|}{q\,q_n} = \left| \frac{p}{q} - \frac{p_n}{q_n} \right| \le \left| \alpha - \frac{p}{q} \right| + \left| \alpha - \frac{p_n}{q_n} \right|$$
$$< \frac{1}{2q^2} + \frac{1}{2q\,q_n}.$$

Das heißt

$$\frac{1}{q\,q_n} < \frac{1}{q^2}$$

oder $q < q_n$, Widerspruch. $\square$

Übung 73. *Sei $\alpha \notin \mathbb{Q}$. Zeige, dass von zwei aufeinanderfolgenden Konvergenten $\frac{p_n}{q_n}, \frac{p_{n+1}}{q_{n+1}}$ mindestens eine die Ungleichung $\left| \alpha - \frac{p_i}{q_i} \right| < \frac{1}{2q_i^2}$ erfüllt.*

Hinweis: Angenommen falsch, dann ist $\frac{q_j}{q_{j-1}} + \frac{q_{j-1}}{q_j} \le 2$.

Frage. Was ist die kleinste Konstante c, so dass für jedes $\alpha \notin \mathbb{Q}$ *unendlich* viele Brüche $\frac{p}{q}$ mit $\left| \alpha - \frac{p}{q} \right| < \frac{c}{q^2}$ existieren?

Ein Satz von Hurwitz besagt, dass $c = \frac{1}{\sqrt{5}}$ bestmöglich ist, und dass der goldene Schnitt $\tau = \frac{1+\sqrt{5}}{2}$ kein kleineres c erlaubt.

Übung 74. *Sei $c < \frac{1}{\sqrt{5}}$, dann gibt es nur endlich viele verschiedene Brüche $\frac{p}{q}$ mit $\left|\tau - \frac{p}{q}\right| < \frac{c}{q^2}$.*
Hinweis: Wir wissen, dass alle $\alpha_n = \alpha = \tau$ sind, und $p_n = q_{n+1} = F_{n+1}$. Verwende nun, dass $\lim_{n\to\infty}(\alpha_n + \frac{q_{n-1}}{q_n}) = \sqrt{5}$ ist.

3.5 Die Kettenbruchentwicklung von e

Wir wollen nun das wunderbare Ergebnis von Euler beweisen:

$$e = [2, 1, 2, 1, 1, 4, 1, 1, 6, 1, \dots, 1, 2n, 1, \dots]. \tag{1}$$

Insbesondere liefert uns (1) einen neuen Beweis für die Irrationalität von e.

A. Sei $\alpha > 1$, $\alpha \notin \mathbb{Q}$, $\alpha = [a_1, a_2, a_3, \dots]$. Dann haben wir offenbar $\frac{1}{\alpha} = [0, a_1, a_2, a_3, \dots]$.

B. Es gilt $[a_1, \dots, a_m, 0, 0, a_{m+1}, \dots] = [a_1, \dots, a_m, a_{m+1}, \dots]$, das heißt, zwei aufeinanderfolgende Nullen können entfernt werden.

Sei nämlich $\alpha = [0, 0, a_{m+1}, a_{m+2}, \dots]$, so gilt

$$\alpha = 0 + \cfrac{1}{0 + \frac{1}{\beta}} = \beta$$

mit $\beta = [a_{m+1}, a_{m+2}, \dots]$. (Wir verwenden hier ausnahmsweise Kettenbruchentwicklungen, die 0 enthalten.)

C. Wir haben für $\alpha \geq 1$

$$\frac{\alpha}{2} = [0, 2[0, \alpha]].$$

Es ist

$$2[0, \alpha] = 2(0 + \frac{1}{\alpha}) = \frac{2}{\alpha},$$

also $[0, 2[0, \alpha]] = 0 + \frac{1}{2/\alpha} = \frac{\alpha}{2}$.

D. Nun kommt die geniale Idee von Euler. Sei $a \in \mathbb{N}$, und

$$S_m = \sum_{i=0}^{\infty} \frac{2^m(m+i)!}{i!(2m+2i)!} \frac{1}{a^{m+2i}}.$$

Dann gilt

$$S_0 = \sum_{i=0}^{\infty} \frac{(a^{-1})^{2i}}{(2i)!} = \frac{e^{\frac{1}{a}} + e^{-\frac{1}{a}}}{2},$$

$$S_1 = \sum_{i=0}^{\infty} \frac{2(i+1)!}{i!(2i+2)!} \frac{1}{a^{2i+1}} = \sum_{i=0}^{\infty} \frac{(a^{-1})^{2i+1}}{(2i+1)!} = \frac{e^{\frac{1}{a}} - e^{-\frac{1}{a}}}{2},$$

und

$$S_m = (2m+1)aS_{m+1} + S_{m+2}. \tag{2}$$

Übung 75. *Beweise die Rekursion* (2).

Hinweis. Koeffizientenvergleich für $\frac{1}{a^{m+2i}}$.

E. Wir setzen $R_m = \frac{S_m}{S_{m+1}}$, also nach (2)

$$R_m = (2m+1)a + \frac{S_{m+2}}{S_{m+1}} = (2m+1)a + \frac{1}{R_{m+1}}.$$

Dies ergibt

$$R_0 = a + \frac{1}{R_1} = a + \frac{1}{3a + \frac{1}{R_2}} = \ldots = [a, 3a, 5a, 7a, 9a, \ldots]. \tag{3}$$

Nun ist

$$R_0 = \frac{e^{\frac{1}{a}} + e^{-\frac{1}{a}}}{e^{\frac{1}{a}} - e^{-\frac{1}{a}}} = \frac{e^{\frac{2}{a}} + 1}{e^{\frac{2}{a}} - 1}$$

und wir erhalten für $a = 2$ aus (3)

$$\frac{e+1}{e-1} = [2, 6, 10, 14, 18, \ldots]$$

und daraus

$$\frac{e+1}{e-1} - 1 = \frac{2}{e-1} = [1, 6, 10, 14, \ldots]$$

$$\frac{e-1}{2} = [0, 1, 6, 10, 14, \ldots],$$

$$e = 1 + 2 \cdot [0, 1, 6, 10, 14, \ldots].$$

F. Sei $c \geq 0$, dann gilt $2[0, 2c+1, \alpha] = [0, c, 1, 1, \frac{\alpha-1}{2}]$.

Wir haben

$$2\cfrac{1}{2c+1+\cfrac{1}{\alpha}} = \cfrac{1}{c+\cfrac{1}{2}+\cfrac{1}{2\alpha}} = \cfrac{1}{c+\cfrac{\alpha+1}{2\alpha}} = \cfrac{1}{c+\cfrac{1}{2\alpha/(\alpha+1)}} = \cfrac{1}{c+\cfrac{1}{1+\cfrac{\alpha-1}{\alpha+1}}}$$

$$= \cfrac{1}{c+\cfrac{1}{1+\cfrac{1}{\frac{\alpha+1}{\alpha-1}}}} = \cfrac{1}{c+\cfrac{1}{1+\cfrac{1}{1+\cfrac{2}{\alpha-1}}}} = \cfrac{1}{c+\cfrac{1}{1+\cfrac{1}{1+\cfrac{1}{(\alpha-1)/2}}}}.$$

Sei nun $\alpha = [6,10,14,18,\ldots]$, dann ist mit $c=0$ in F) und B)

$$2[0,1,\alpha] = [0,0,1,1,\tfrac{\alpha-1}{2}] = [1,1,\tfrac{\alpha-1}{2}]$$

$$\tfrac{\alpha-1}{2} = \tfrac{1}{2}[5,10,14,18,\ldots] \stackrel{\text{C)}}{=} [0,2[0,5,10,14,\ldots]].$$

Als nächstes setzen wir $\beta = [10,14,18,\ldots]$, dann haben wir mit $c=2$ in F)

$$2[0,5,\beta] = 2[0,5,10,14,\ldots] = [0,2,1,1,\tfrac{\beta-1}{2}]$$

$$\frac{\beta-1}{2} = \frac{1}{2}[9,14,18,\ldots] = [0,2[0,9,14,18,\ldots]].$$

Insgesamt haben wir also bisher

$$e = 1+2[0,1,\alpha] = 1+[1,1,\frac{\alpha-1}{2}] = [2,1,\frac{\alpha-1}{2}]$$

$$= [2,1,0,2[0,5,10,\ldots]] = [2,1,0,0,2,1,1,\frac{\beta-1}{2}]$$

$$= [2,1,2,1,1,\frac{\beta-1}{2}].$$

Nun setzen wir $\gamma = [14,18,22,\ldots]$ und erhalten

$$e = [2,1,2,1,1,4,1,1,\frac{\gamma-1}{2}].$$

Induktion liefert das gesamte Ergebnis.

Übung 76. *Bestimme die beste rationale Approximation $\frac{p}{q}$ von e, deren Nenner $q < 1000$ ist. Bestimme einen Näherungsbruch, der mit e bis zur vierten Dezimalstelle übereinstimmt.*

Übung 77. *Ermittle die Kettenbruchentwicklung von $\pi = [a_1, a_2, a_3, \ldots]$ bis a_5 und bestimme die Konvergenten $\frac{p_1}{q_1}$ bis $\frac{p_5}{q_5}$.*

Hinweis: In Dezimaldarstellung ist $\pi = 3{,}14159265\ldots$.

3.6 Die Pellsche Gleichung

Wir betrachten nun die Gleichung, die uns schon mehrmals begegnet ist:

$$x^2 - dy^2 = \pm 1 \qquad (d \in \mathbb{N}, \ d \ \text{kein Quadrat}). \tag{1}$$

Gleichung (1) heißt die *Pellsche Gleichung* (und ist wie so oft nicht nach dem Erfinder benannt).

Wir fragen nach den ganzzahligen Lösungen von (1). Der Fall $d = 2$ ist uns schon im Abschnitt über die Binomialzahlen begegnet. Wir können uns natürlich auf positive Lösungen $x > 0$, $y > 0$ beschränken.

Übung 78. *Zeige, dass die Fälle $d < 0$ oder $d = m^2$ leicht zu beantworten sind.*

Hinweis: Unterscheide die Fälle $x^2 - m^2 y^2 = 1$ und $x^2 - m^2 y^2 = -1$.

Die Idee ist $x^2 - dy^2 = (x + y\sqrt{d})(x - y\sqrt{d})$ zu schreiben. Sei $\alpha = a + b\sqrt{d}$ mit $a, b \in \mathbb{Q}$, dann heißt $\overline{\alpha} = a - b\sqrt{d}$ die zu α *konjugierte* Zahl.

Übung 79. *Zeige $\overline{\alpha + \beta} = \overline{\alpha} + \overline{\beta}$, $\overline{\alpha\beta} = \overline{\alpha}\,\overline{\beta}$.*

Nun verwenden wir unsere Kenntnisse über Kettenbrüche. Ist nämlich $x = p$, $y = q$ eine Lösung von (1), so gilt

$$(p + q\sqrt{d})(p - q\sqrt{d}) = \pm 1$$

und somit

$$\left| \sqrt{d} - \frac{p}{q} \right| = \frac{1}{q(p + q\sqrt{d})} = \frac{1}{q^2(\frac{p}{q} + \sqrt{d})} < \frac{1}{2q^2}$$

wegen $p \geq q$ und $\sqrt{d} > 1$.

Damit haben wir aus Abschnitt 3.4, D bereits das erste Ergebnis erhalten.

Hilfssatz 3.6. *Alle positiven Lösungen $x = p$, $y = q$ von $x^2 - dy^2 = \pm 1$ sind von der Gestalt $\frac{p}{q} = \frac{p_n}{q_n}$, wobei $\frac{p_n}{q_n}$ Konvergente für $\sqrt{d}$ ist.*

Damit ist der Weg klar. Wir müssen uns die Kettenbruchentwicklung der irrationalen Zahl $\sqrt{d}$ ansehen. Wir gehen wie in Abschnitt 3.3 mit $\alpha = \alpha_1 = \sqrt{d}$ vor. Es sei

$$\sqrt{d} = [a_1, a_2, a_3, \ldots],$$

dann ist

$$a_i = \lfloor \alpha_i \rfloor, \quad \alpha_{i+1} = \frac{1}{\alpha_i - a_i}. \tag{2}$$

Behauptung 1. $\alpha_i = \frac{m_i + \sqrt{d}}{s_i}$ mit $m_i, s_i \in \mathbb{Z}$, $s_i \neq 0$, $s_i \mid d - m_i^2$ und $m_{i+1} = a_i s_i - m_i$, $s_{i+1} = \frac{d - m_{i+1}^2}{s_i}$.

Für $i = 1$ haben wir $\alpha_1 = \sqrt{d}$, also $m_1 = 0$, $s_1 = 1$, $\alpha_2 = \frac{1}{\alpha_1 - a_1} = \frac{1}{\sqrt{d} - a_1} = \frac{a_1 + \sqrt{d}}{d - a_1^2}$, also $m_2 = a_1$, $s_2 = d - a_1^2 = \frac{d - m_2^2}{s_1}$. Die Behauptung sei richtig bis i. Wir setzen

$$m_{i+1} = a_i s_i - m_i, \quad s_{i+1} = \frac{d - m_{i+1}^2}{s_i}. \tag{3}$$

Offenbar ist $m_{i+1} \in \mathbb{Z}$, und für s_{i+1} gilt

$$s_{i+1} = \frac{d - m_{i+1}^2}{s_i} = \frac{d - a_i^2 s_i^2 + 2a_i s_i m_i - m_i^2}{s_i}$$
$$= \frac{d - m_i^2}{s_i} - a_i^2 s_i + 2a_i m_i \in \mathbb{Z}$$

wegen $s_i \mid d - m_i^2$, und somit auch $s_{i+1} \mid d - m_{i+1}^2$.

Mit diesen m_{i+1}, s_{i+1} haben wir

$$\alpha_i - a_i = \frac{m_i + \sqrt{d} - a_i s_i}{s_i} \overset{(3)}{=} \frac{\sqrt{d} - m_{i+1}}{s_i} = \frac{d - m_{i+1}^2}{s_i(m_{i+1} + \sqrt{d})} \overset{(3)}{=} \frac{s_{i+1}}{m_{i+1} + \sqrt{d}}$$

also

$$\alpha_{i+1} = \frac{1}{\alpha_i - a_i} = \frac{m_{i+1} + \sqrt{d}}{s_{i+1}},$$

wie behauptet.

Behauptung 2. Für $i \geq 2$ haben wir

$$\alpha_i > 1, \quad -1 < \overline{\alpha}_i < 0, \quad a_i = \lfloor -\frac{1}{\overline{\alpha}_{i+1}} \rfloor. \tag{4}$$

Wir haben

$$\sqrt{d} = \lfloor\sqrt{d}\rfloor + (\sqrt{d} - \lfloor\sqrt{d}\rfloor) = a_1 + \frac{1}{\alpha_2},$$

also $\alpha_2 = \frac{1}{\sqrt{d}-\lfloor\sqrt{d}\rfloor} > 1$, $\overline{\alpha}_2 = \frac{1}{-\sqrt{d}-\lfloor\sqrt{d}\rfloor}$, somit $-1 < \overline{\alpha}_2 < 0$. Sei die Behauptung richtig bis i. Dann gilt

$$0 < \frac{1}{\alpha_{i+1}} \overset{(2)}{=} \alpha_i - a_i < 1 \Longrightarrow \alpha_{i+1} > 1.$$

Ferner gilt $\frac{1}{\overline{\alpha}_{i+1}} = \overline{\alpha}_i - a_i$ und wegen $-1 < \overline{\alpha}_i < 0$

$$-1 - a_i < \overline{\alpha}_i - a_i < -a_i < 0$$

das heißt

$$-1 \leq -\frac{1}{a_i} < \overline{\alpha}_{i+1} < -\frac{1}{a_i + 1} < 0.$$

Daraus folgt

$$\frac{1}{a_i + 1} < -\overline{\alpha}_{i+1} < \frac{1}{a_i}$$

oder

$$a_i < -\frac{1}{\overline{\alpha}_{i+1}} < a_i + 1,$$

und wir erhalten $a_i = \lfloor -\frac{1}{\overline{\alpha}_{i+1}} \rfloor$.

Wir kommen nun zum wichtigsten Ergebnis.

Satz 3.7. *Sei* $\sqrt{d} \notin \mathbb{Q}$, $d \in \mathbb{N}$. *Dann ist*

$$\sqrt{d} = [a_1, a_2, a_3, \ldots, a_{t+1}, a_2, \ldots, a_{t+1}, a_2, \ldots, a_{t+1}, \ldots].$$

Das heißt, der Kettenbruch ist periodisch nach a_1 *mit einer gewissen Periodenlänge* t, *und wir schreiben kurz*

$$\sqrt{d} = [a_1, \overline{a_2, a_3, \ldots, a_{t+1}}].$$

Beweis. Wir haben

$$\alpha_i = \frac{m_i + \sqrt{d}}{s_i}, \quad \overline{\alpha}_i = \frac{m_i - \sqrt{d}}{s_i},$$

und daher für $i \geq 2$ wegen $\alpha_i > 1$, $\overline{\alpha}_i < 0$

$$\alpha_i - \overline{\alpha}_i = \frac{2\sqrt{d}}{s_i} > 1,$$

das heißt $0 < s_i < 2\sqrt{d}$. Wir haben für die s_i also nur *endlich* viele Möglichkeiten.

Analog folgt aus $\alpha_i \overline{\alpha}_i = \frac{m_i^2 - d}{s_i^2} < 0$

$$m_i^2 < d, \quad \text{somit} \quad |m_i| < \sqrt{d},$$

und auch für die m_i haben wir nur *endlich* viele Möglichkeiten.

Es muss also Indizes $2 \leq j < k$ geben mit $m_j = m_k$, $s_j = s_k$, und somit $\alpha_j = \alpha_k$. Daraus folgt $\overline{\alpha}_j = \overline{\alpha}_k$, $-\frac{1}{\overline{\alpha}_j} = -\frac{1}{\overline{\alpha}_k}$ und somit nach (4)

$$a_{j-1} = \lfloor -\frac{1}{\overline{\alpha}_j} \rfloor = \lfloor -\frac{1}{\overline{\alpha}_k} \rfloor = a_{k-1}.$$

Dies impliziert wiederum

$$\alpha_{j-1} = a_{j-1} + \frac{1}{\alpha_j} = a_{k-1} + \frac{1}{\alpha_k} = \alpha_{k-1},$$

und daraus $a_{j-2} = a_{k-2}$ usf. bis $a_2 = a_{k-j+2}$ mit Periodenlänge $t = k - j$. $\quad\square$

Übung 80. *Bestimme die Kettenbruchentwicklung von $\sqrt{7}$ und ermittle drei Lösungen für die Gleichung $x^2 - 7y^2 = 1$.*

Wir wissen, dass alle Lösungen $x = p$, $y = q$ der Pellschen Gleichung unter den Konvergenten $x = p_n$, $y = q_n$ zu finden sind. Nun wollen wir bestimmen, *welche* p_n, q_n tatsächlich Lösungen sind.

Wir haben laut unserer fundamentalen Rekursion

$$\sqrt{d} = \frac{\alpha_{n+1} p_n + p_{n-1}}{\alpha_{n+1} q_n + q_{n-1}} = \frac{(m_{n+1} + \sqrt{d}) p_n + s_{n+1} p_{n-1}}{(m_{n+1} + \sqrt{d}) q_n + s_{n+1} q_{n-1}}.$$

Auf gemeinsamen Nenner gebracht ergibt dies

$$q_n d + (m_{n+1} q_n + s_{n+1} q_{n-1}) \sqrt{d} = (m_{n+1} p_n + s_{n+1} p_{n-1}) + p_n \sqrt{d}.$$

Da $\sqrt{d}$ irrational ist, erhalten wir

$$q_n d = m_{n+1} p_n + s_{n+1} p_{n-1}$$

$$p_n = m_{n+1} q_n + s_{n+1} q_{n-1}.$$

Lösen wir nach m_{n+1} auf, so sehen wir

$$m_{n+1} = \frac{q_n d - s_{n+1} p_{n-1}}{p_n} = \frac{p_n - s_{n+1} q_{n-1}}{q_n}$$

also

$$p_n^2 - p_n q_{n-1} s_{n+1} = q_n^2 d - p_{n-1} q_n s_{n+1}$$

und somit

$$p_n^2 - d q_n^2 = (p_n q_{n-1} - p_{n-1} q_n) s_{n+1} = (-1)^n s_{n+1}. \tag{5}$$

Gleichung (5) besagt somit: (p_n, q_n) ist genau dann Lösung (beachte $s_{n+1} > 0$), wenn $s_{n+1} = 1$ ist, und zwar für $x^2 - dy^2 = 1$, wenn n gerade ist, und für $x^2 - dy^2 = -1$, wenn n ungerade ist.

Jetzt müssen wir also noch herausfinden, wann $s_k = 1$ ist.

Übung 81. *Bestimme für $d = 31$ alle m_i, s_i und daraus die Kettenbruchentwicklung von* $\sqrt{31}$.

Satz 3.8. *Sei* $\sqrt{d} = [a_1, \overline{a_2, \ldots, a_{t+1}}]$ *mit Periodenlänge* t. *Dann gilt* $s_k = 1 \iff k \equiv 1 \pmod{t}$.

Beweis. $s_1 = 1$ wissen wir bereits. Sei also $k \geq 2$ mit $s_k = 1$. Dann gilt $\alpha_k = m_k + \sqrt{d}$, $a_k = \lfloor \alpha_k \rfloor = m_k + \lfloor \sqrt{d} \rfloor = m_k + a_1$. Aus (3) sehen wir nun

$$m_{k+1} = a_k s_k - m_k = a_k - m_k = a_1 = m_2$$
$$s_{k+1} = d - m_{k+1}^2 = d - a_1^2 = s_2,$$

also

$$\alpha_{k+1} = \frac{m_{k+1} + \sqrt{d}}{s_{k+1}} = \frac{m_2 + \sqrt{d}}{s_2} = \alpha_2$$

und wir erhalten $k + 1 = 2 + jt$, also $k \equiv 1 \pmod{t}$.

Ist umgekehrt $k = jt + 1$, dann gilt $\alpha_{k+1} = \frac{m_{k+1} + \sqrt{d}}{s_{k+1}} = \alpha_2 = \frac{a_1 + \sqrt{d}}{d - a_1^2}$. Auf gleichen Nenner gebracht ergibt dies

$$m_{k+1}(d - a_1^2) + (d - a_1^2)\sqrt{d} = a_1 s_{k+1} + s_{k+1} \sqrt{d}$$

also

$$m_{k+1}(d - a_1^2) = a_1 s_{k+1}, \quad d - a_1^2 = s_{k+1}$$

somit

$$m_{k+1} = a_1$$

und ferner aus (3)

$$s_{k+1} s_k = d - m_{k+1}^2 = d - a_1^2$$

und damit $s_k = 1$. $\qquad \square$

In Zusammenfassung notieren wir:

Satz 3.9. *Es sei die Pellsche Gleichung $x^2 - dy^2 = \pm 1$ gegeben, wobei $\sqrt{d} = [a_1, \overline{a_2, \ldots, a_{t+1}}]$ ist mit Periodenlänge t.*

1) *Im Fall $x^2 - dy^2 = 1$ sind die positiven Lösungen genau die Konvergenten p_n, q_n mit $n = jt$ gerade.*

2) *Im Fall $x^2 - dy^2 = -1$ sind die positiven Lösungen genau die Konvergenten p_n, q_n mit $n = jt$ ungerade.*

Folgerung 3.10. *Die Gleichung $x^2 - dy^2 = 1$ hat stets unendlich viele Lösungen. Die Gleichung $x^2 - dy^2 = -1$ hat bei gerader Periodenlänge keine Lösung, und bei ungerader Periodenlänge unendlich viele Lösungen.*

Übung 82. *Sei $\sqrt{d} \notin \mathbb{Q}$. Zeige, dass in $\sqrt{d} = [a_1, \overline{a_2, \ldots, a_{t+1}}]$ gilt: $a_{t+1} = 2a_1$.*

Hinweis: Die Rekursionen für m_i, s_i helfen.

Beispiel. Sehen wir uns das Ausgangsbeispiel $x^2 - 2y = \pm 1$ aus dem Abschnitt über Binomialkoeffizienten an. Wir haben

$$\sqrt{2} = [1, \overline{2}], \quad \text{also} \quad t = 1.$$

Die Lösungen von $x^2 - 2y^2 = 1$ sind daher $(p_2, q_2), (p_4, q_4), \ldots$ und jene von $x^2 - 2y^2 = -1$ $(p_1, q_1), (p_3, q_3), \ldots$. Die Kettenbruchentwicklung von $\sqrt{2}$ ergibt sich aus der fundamentalen Rekursion

n	1	2	3	4	5	6
p_n	1	3	7	17	41	99
q_n	1	2	5	12	29	70

und wir erhalten abwechselnd die Lösungen $(3, 2), (17, 12), (99, 70)$ für $x^2 - 2y^2 = 1$ bzw. $(1, 1), (7, 5), (41, 29)$ für $x^2 - 2y^2 = -1$. Die entsprechenden n mit $\binom{n}{2}$ Quadrat sind: $9, 289, 9801$ bzw. $2, 50, 1682$.

Für die Gleichung $x^2 - dy^2 = 1$ können wir sogar eine Aussage ohne Kettenbrüche machen. Wir wissen bereits, dass es unendlich viele Lösungen (unter den Konvergenten) gibt. Da die Folgen $(p_n), (q_n)$ monoton steigen, gibt es eine *kleinste* Lösung p_{n_0}, q_{n_0} mit $p_{n_0} < p_n$, $q_{n_0} < q_n$ für alle $n \neq n_0$. Natürlich ist n_0 gleich der Periodenlänge t, falls t gerade ist, bzw. $n_0 = 2t$, falls t ungerade ist.

Satz 3.11. *Sei die Pellsche Gleichung $x^2 - d y^2 = 1$ gegeben, und (x_1, y_1) die kleinste positive Lösung. Dann sind alle positiven Lösungen (x_n, y_n) gegeben durch*

$$x_n + y_n \sqrt{d} = (x_1 + y_1 \sqrt{d})^n \quad (n = 1, 2, 3, \ldots).$$

Übung 83. *Zeige die eine Richtung: Alle (x_n, y_n) mit $x_n + y_n \sqrt{d} = (x_1 + y_1 \sqrt{d})^n$ sind Lösungen.*

Beweis. Zur Umkehrung nehmen wir im Gegenteil an, dass (u, v) eine Lösung ist mit $(u, v) \neq (x_n, y_n)$ für alle n. Wir haben

$$x_1 + y_1 \sqrt{d} > 1, \quad u + v \sqrt{d} > 1,$$

also existiert ein m mit

$$(x_1 + y_1 \sqrt{d})^m \leq u + v \sqrt{d} < (x_1 + y_1 \sqrt{d})^{m+1}.$$

Wenn $(x_1 + y_1 \sqrt{d})^m = u + v \sqrt{d}$ ist, so folgt $u = x_m$, $v = y_m$, was nicht geht. Wegen $(x_1 - y_1 \sqrt{d})(x_1 + y_1 \sqrt{d}) = 1$ haben wir

$$1 < (u + v \sqrt{d})(x_1 - y_1 \sqrt{d})^m < x_1 + y_1 \sqrt{d}. \tag{6}$$

Es sei $a + b \sqrt{d} = (u + v \sqrt{d})(x_1 - y_1 \sqrt{d})^m$, dann ist

$$a^2 - d b^2 = (u^2 - d v^2)(x_1^2 - d y_1^2)^m = 1,$$

also ist auch (a, b) Lösung, und wir wollen zeigen, dass (a, b) eine kleinere Lösung als (x_1, y_1) ist. Zunächst ist wegen (6)

$$1 < a + b \sqrt{d} < x_1 + y_1 \sqrt{d},$$

und wir müssen nur noch zeigen, dass $a > 0$, $b > 0$ ist. $\qquad\square$

Übung 84. *Zeige die letzte Behauptung.*

Hinweis: Sei $\alpha = a + b \sqrt{d}$, dann ist $a = \frac{1}{2}(\alpha + \overline{\alpha})$, $b \sqrt{d} = \frac{1}{2}(\alpha - \overline{\alpha})$.

Übung 85. *Angenommen $x^2 - d y^2 = -1$ ist lösbar, und (x_1, y_1) ist die kleinste positive Lösung. Zeige:*

    a. *(x_2, y_2) mit $x_2 + y_2 \sqrt{d} = (x_1 + y_1 \sqrt{d})^2$ ist die kleinste positive Lösung von $x^2 - d y^2 = 1$.*

    b. *Alle positiven Lösungen von $x^2 - d y^2 = -1$ sind gegeben durch (x_n, y_n) mit $x_n + y_n \sqrt{d} = (x_1 + y_1 \sqrt{d})^n$, $n = 1, 3, 5, 7, \ldots$.*

4 Algebraische Zahlen

Bisher haben wir uns im wesentlichen mit *multiplikativen* Problemen beschäftigt (Primzerlegung) und mit Approximationen (Kettenbrüche). Nun wollen wir einige *additive* Probleme besprechen und auf ganz natürliche Weise zu algebraischen Begriffen kommen.

4.1 Pythagoreische Tripel

Die folgende Gleichung ist wahrscheinlich die älteste Diophantische Gleichung und geht auf den Satz von Pythagoras zurück:

$$x^2 + y^2 = z^2 \, . \tag{1}$$

Problem. Man finde alle positiven ganzzahligen Lösungen (x, y, z) von (1). Diese Lösungen heißen *Pythagoreische Tripel*.

Jeder kennt die Lösungen $(3, 4, 5)$ oder $(5, 12, 13)$. Natürlich ist mit (x, y, z) auch (mx, my, mz) eine Lösung, also können wir uns auf die sogenannten *primitiven* Lösungen (x, y, z) mit $\mathrm{ggT}(x, y, z) = 1$ beschränken.

Wir wollen das Problem mit einer geometrischen Idee in Angriff nehmen. Dividieren wir durch z, so erhalten wir die Gleichung

$$(\frac{x}{z})^2 + (\frac{y}{z})^2 = 1,$$

wobei $\frac{x}{z}, \frac{y}{z}$ in $\mathbb{Q}$ liegen. Ist umgekehrt $\frac{a}{b}, \frac{c}{d}$ eine Lösung der Gleichung

$$X^2 + Y^2 = 1 \qquad (\text{in } \mathbb{Q}), \tag{2}$$

so erhalten wir durch Multiplizieren

$$(ad)^2 + (bc)^2 = (bd)^2$$

eine Lösung von (1). Die beiden Probleme sind somit äquivalent, und wir werden uns nun (2) zuwenden.

Geometrisch bedeutet dies, dass wir alle *rationalen* Punkte auf dem Einheitskreis bestimmen wollen:

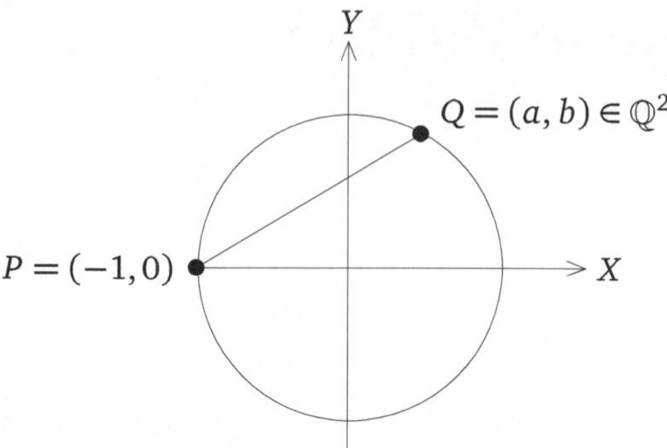

Ein solcher Punkt ist $P = (-1, 0)$. Und nun kommt ein überraschender Zusammenhang.

Behauptung. $Q = (a, b)$ ist ein rationaler Punkt auf dem Einheitskreis genau dann, wenn die Steigung m der Geraden durch P und Q rational ist.

Die Gerade ist gegeben durch $Y = \frac{b}{a+1}(X + 1)$. Sind also $a, b \in \mathbb{Q}$, so auch $m = \frac{b}{a+1}$. Es sei umgekehrt $m = \frac{b}{a+1} \in \mathbb{Q}$. Da Q auf dem Kreis liegt, haben wir $a^2 + b^2 = 1$, also $a^2 + m^2(a + 1)^2 = 1$. Daraus erhalten wir die quadratische Gleichung

$$a^2(m^2 + 1) + 2am^2 + m^2 - 1 = 0$$

und durch Auflösen

$$a = \frac{-m^2 + 1}{m^2 + 1}.$$

Also ist $a \in \mathbb{Q}$ und damit auch b.

Wir haben somit eine bijektive Zuordnung zwischen den rationalen Punkten $\neq P$ und allen rationalen Steigungen erhalten. Der Rest ist nun leicht.

Übung 86. *Zeige, dass die rationalen Punkte (x, y) auf dem Einheitskreis genau die Koordinaten $(\frac{r^2 - s^2}{r^2 + s^2}, \frac{2rs}{r^2 + s^2})$ mit $r, s \in \mathbb{Z}$ haben (abgesehen von der Vertauschung $\pm x \longleftrightarrow \pm y$).*

Die positiven Lösungen der ursprünglichen Gleichung (1) sind daher alle Tripel $(r^2 - s^2, 2rs, r^2 + s^2)$, $r, s \in \mathbb{N}$ (wieder bis auf Vertauschung $x \longleftrightarrow y$).

Übung 87. *Zeige, dass $(r^2 - s^2, 2rs, r^2 + s^2)$ genau dann primitive Lösung ist, wenn $r > s > 0$, $(r, s) = 1$ und genau eines von r und s gerade ist.*

Beispiel. Die ersten primitiven Pythagoreischen Tripel:

$$r = 2 \quad (3,4,5) \quad r = 3 \quad (5,12,13) \quad r = 4 \quad (15,8,17) \quad r = 4 \quad (7,24,25)$$
$$s = 1 \qquad\qquad s = 2 \qquad\qquad s = 1 \qquad\qquad s = 3$$

Übung 88. *Zeige, dass in einem primitiven Pythagoreischen Tripel (x,y,z) eine Zahl Vielfaches von 3 ist, eine Vielfaches von 4, und eine Vielfaches von 5. Achtung: $3,4,5$ müssen nicht unbedingt verschiedene Zahlen teilen, z. B. teilen $3,4,5$ in $(11,60,61)$ alle dasselbe Element 60.*

Hinweis: Betrachte a^2 mod 3 und mod 5.

4.2 Einiges über elliptische Kurven

Es liegt nahe, Gleichungen höheren Grades zu betrachten, von denen die berühmteste die Fermat Gleichung

$$x^n + y^n = z^n \tag{1}$$

ist, oder äquivalent:

$$X^n + Y^n = 1 \tag{2}$$

über $\mathbb{Q}$. Wahrscheinlich kennt jeder die Geschichte des Fermatschen Problems. Fermat vermutete 1637, dass (1) für $n \geq 3$ keine nichttrivialen Lösungen $(x,y,z) \neq (0,0,0)$ in ganzen Zahlen hat. Dies wurde 1995 von Wiles bewiesen.

Für die Theorie ist die rationale Version (2) besser geeignet. Wir verwenden wieder x,y für die Variablen. Es sei $f(x,y) = 0$ eine Polynomgleichung mit rationalen Koeffizienten. Ein berühmtes Resultat von Faltings 1983 besagt, dass $f(x,y) = 0$ nur *endlich* viele rationale Lösungen hat, falls der Grad von f mindestens 4 ist.

Interessant sind also Gleichungen vom Grad 3. Wir sagen, $f(x,y) = 0$ ist *elliptisch*, falls f keine *Doppelpunkte* und keine *Spitzen* hat:

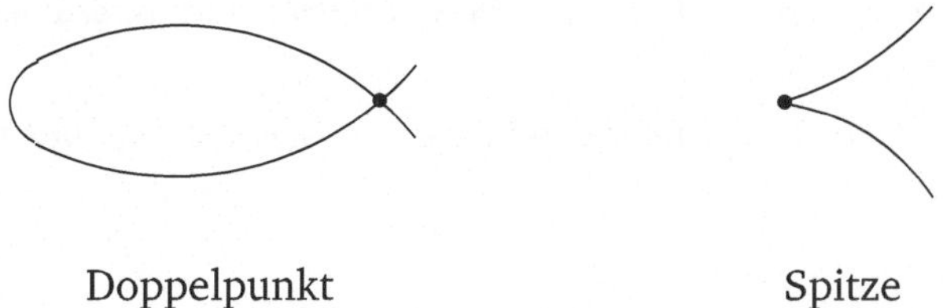

Doppelpunkt   Spitze

Übung 89. *Zeige, dass die Kurve $C : y^2 = x^3$ unendlich viele rationale Punkte besitzt. Ist C elliptisch?*

Historisch sind elliptische Kurven eng mit dem sogenannten *Kongruenzzahlenproblem* verbunden.

Problem.   Es sei eine ganze Zahl $F > 0$ vorgegeben. Gesucht ist ein rechtwinkeliges Dreieck mit rationalen Seitenlängen a, b und c, also $a^2 + b^2 = c^2$, so dass der Flächeninhalt des Dreiecks genau F ist. Falls solch ein Dreieck existiert, so heißt F *Kongruenzzahl*.

Zur Lösung des Problems betrachten wir die elliptische Kurve:

$$\mathcal{C} : y^2 = x^3 - F^2 x = x(x - F)(x + F).$$

Findet sich ein rationaler Punkt $P = (x, y)$ auf $\mathcal{C}$, der $x > F$ und $y > 0$ erfüllt, so ist das gesuchte Dreieck gegeben durch

$$a = \frac{x^2 - F^2}{y}, \ b = \frac{2Fx}{y}, \ c = \frac{x^2 + F^2}{y}. \tag{3}$$

Offenbar gilt nämlich $a, b, c \in \mathbb{Q}$, $a^2 + b^2 = c^2$, und der Flächeninhalt ist

$$\frac{ab}{2} = \frac{x(x^2 - F^2)F}{y^2} = F.$$

Übung 90.   *Zeige die Umkehrung: Gilt $a^2 + b^2 = c^2$, $a, b, c \in \mathbb{Q}$, $F = \frac{ab}{2}$, so enthält $\mathcal{C} : y^2 = x(x - F)(x + F)$ einen rationalen Punkt (x, y) mit $x > F$, $y > 0$.*

Hinweis. Löse (3) nach x und y.

Es stellt sich heraus, dass $F = 1, 2, 3$ keine Kongruenzzahlen sind; $F = 5$ und 6 sind Kongruenzzahlen mit den Tripeln $(\frac{3}{2}, \frac{20}{3}, \frac{41}{6})$ bzw. $(3, 4, 5)$.

Übung 91.   *Zeige, dass es kein rechtwinkeliges Dreieck mit Seitenlängen $a, b, c \in \mathbb{N}$, $a^2 + b^2 = c^2$, gibt, dessen Fläche F eine Quadratzahl in $\mathbb{N}$ ist. Schließe daraus, dass ein Quadrat niemals Kongruenzzahl ist.*

Hinweis: O. B. d. A. ist (a, b, c) primitiv. Betrachte ein Gegenbeispiel mit minimaler Kongruenzzahl m^2.

Wir beschränken uns nun auf folgende Klasse von elliptischen Kurven. In einem gewissen Sinn sind alle elliptischen Kurven äquivalent zu einer der Form

$$y^2 = x^3 + ax + b \quad (a, b \in \mathbb{Q}). \tag{4}$$

Zusätzlich nehmen wir $4a^3 + 27b^2 \neq 0$ an. Dies sichert, dass die Gleichung $x^3 + ax + b$ drei verschiedene Nullstellen hat. Der Name „elliptische Kurve" kommt wieder von der Berechnung der Bogenlänge einer Ellipse. Im Integral tritt die Quadratwurzel einer solchen Gleichung auf.

Die Gleichung (4) ist nur lösbar, wenn die rechte Seite positiv ist, und dann gibt es stets die Werte $\pm y =$ Quadratwurzel der rechten Seite.

Alle Kurven der Form (4) sehen etwa so aus wie in dem folgenden Beispiel.

Beispiel. $\quad C : y^2 = x^3 - x$

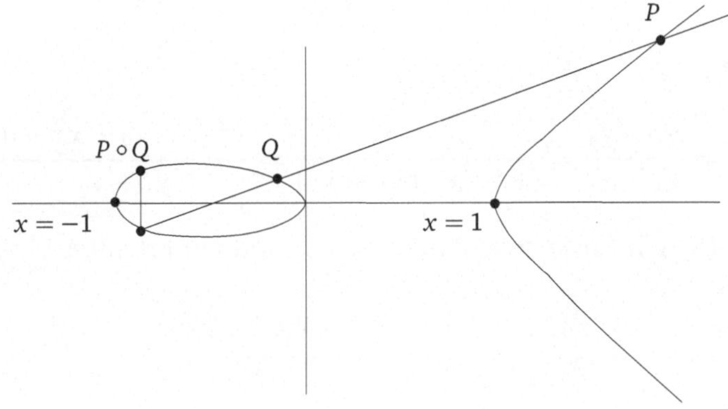

Alle Kurven C der Form (4) haben die folgende Eigenschaft: Schneidet eine nicht-vertikale Gerade C in zwei Punkten (wobei Tangentialpunkte doppelt gezählt werden), dann schneidet sie C in genau einem dritten Punkt. Dies wollen wir nun zeigen. Sei

$$C : y^2 = x^3 + ax + b$$

und $(x_1, y_1), (x_2, y_2)$ zwei Punkte auf C, wobei wir im Fall $x_1 = x_2$ annehmen, dass $y_2 \neq -y_1$ ist (da vertikale Geraden ausgeschlossen sind). Den dritten Punkt (x_3, y_3) berechnen wir folgendermaßen:

Falls $x_1 \neq x_2$ ist, dann sei

$$\lambda = \frac{y_1 - y_2}{x_1 - x_2}. \tag{5}$$

Falls $x_1 = x_2$ (also bei einem Tangentialpunkt) sei

$$\lambda = \frac{3x_1^2 + a}{2y_1}. \tag{6}$$

λ ist also in beiden Fällen die Steigung der Verbindungsgerade bzw. Tangente.

Behauptung. Dann gilt

$$x_3 = \lambda^2 - x_1 - x_2$$
$$y_3 = \lambda(x_3 - x_1) + y_1 . \tag{7}$$

Da $(x_1, y_1), (x_2, y_2)$ auf C liegen, haben wir

$$y_1^2 - y_2^2 = x_1^3 - x_2^3 + a(x_1 - x_2),$$

also für $x_1 \neq x_2$

$$\lambda = \frac{y_1 - y_2}{x_1 - x_2} = \frac{y_1^2 - y_2^2}{(x_1 - x_2)(y_1 + y_2)} = \frac{x_1^2 + x_1 x_2 + x_2^2 + a}{y_1 + y_2} \tag{8}$$

Die Gleichung (8) gilt für je zwei Punkte auf C, und wir erhalten

$$\lambda(y_1 + y_3) = x_1^2 + x_1 x_3 + x_3^2 + a$$
$$\lambda(y_2 + y_3) = x_2^2 + x_2 x_3 + x_3^2 + a$$

und durch Subtraktion

$$\lambda(y_1 - y_2) = (x_1^2 - x_2^2) + x_3(x_1 - x_2).$$

Dividieren wir dies durch $x_1 - x_2$, so haben wir nach (5)

$$\lambda^2 = x_1 + x_2 + x_3,$$

also

$$x_3 = \lambda^2 - x_1 - x_2,$$

und schließlich, da (x_3, y_3) auf der Geraden $y = \lambda(x - x_1) + y_1$ liegt,

$$y_3 = \lambda(x_3 - x_1) + y_1 .$$

Der Fall eines Tangentialpunktes $x_1 = x_2, y_1 = y_2$ wird genauso behandelt.

Nun sehen wir aus (5), (6) und (7) sofort den wichtigen Satz.

Satz 4.1. *Sei C elliptische Kurve. Sind P und Q rationale Punkte auf C, so ist auch der dritte Punkt auf einer nichtvertikalen Verbindungsgeraden rational.*

Und was ist mit vertikalen Geraden? Wir definieren den Punkt ∞ zu C hinzu und erklären, dass er auf *allen* vertikalen Geraden liegt. Damit schneidet jede Gerade die Kurve (wenn überhaupt) in genau 3 Punkten (Tangentialpunkte doppelt gezählt).

Wie viele rationale Punkte hat nun eine elliptische Kurve $C : y^2 = x^3 + ax + b$? Im Jahr 1977 hat Mazur das unglaubliche Resultat bewiesen: Hat C nur endlich viele rationale Punkte, so höchstens 16 (eingeschlossen den uneigentlichen Punkt ∞). Wie kommt man zu einem solchen Resultat? Mit Gruppentheorie.

Sei $C : y^2 = x^3 + ax + b$ gegeben, und sei $E(C)$ die Menge der rationalen Punkte (immer eingeschlossen ∞). Unser Satz legt die folgende Operation auf $E(C)$ nahe:

Sind $P = (x_1, y_1)$, $Q = (x_2, y_2)$ zwei Elemente von $E(C)$ und $R = (x_3, y_3)$ der dritte Punkt auf der Geraden durch P und Q, so sei

$$P \circ Q = R', \quad R' = (x_3, -y_3) \tag{9}$$

wobei $\infty' = \infty$ gesetzt wird (siehe die Figur für $y^2 = x^3 - x$).

Die Operation $\circ$ ist kommutativ. Definieren wir ∞ als neutrales Element, so hat jeder Punkt P ein eindeutiges Inverses, nämlich den reflektierten Punkt P'. Ferner gilt $P \circ \infty = P$, da der dritte Punkt auf der Vertikalen durch P genau P' ist, und daher $P \circ \infty = P$ nach Definition (9).

$E(C)$ wird mit dieser Operation zu einer kommutativen Gruppe (der Nachweis der Assoziativität bereitet etwas Mühe). Die Struktur *endlicher* kommutativer Gruppen ist bekannt. Sie sind direkte Produkte von zyklischen Gruppen von Primzahlpotenzordnung.

Mazurs erstaunliches Resultat besagt nun: Ist $E(C)$ endlich, so ist $E(C)$ isomorph zu einer der zyklischen Gruppen $\mathbb{Z}_1, \mathbb{Z}_2, \ldots, \mathbb{Z}_{10}$ oder $\mathbb{Z}_{12}$ (mit Addition), oder $\mathbb{Z}_n \times \mathbb{Z}_2$ mit $n = 2, 4, 6$ oder 8. $E(C)$ hat also $1, \ldots, 10, 12$ oder 16 Elemente.

Übung 92. *Sei $C : y^2 = x^3 + 4x$. Der Punkt $P = (2, 4)$ ist in $E(C)$. Zeige, dass die Tangente an P durch $(0, 0)$ geht. Was ist die Ordnung von P in der Gruppe $E(C)$?*

Alle unsere Überlegungen können genauso gut mod p durchgeführt werden, $p > 3$. Wir machen alle Rechnungen, z. B. (5), (6), (7) mod p.

Beispiel. Sei $p = 5$ und $C : y^2 = x^3 - x - 1$ mod 5. $E(C)$ besteht aus allen Lösungen (x, y) und ∞. Sind $(x_1, y_1), (x_2, y_2) \in E(C)$, so wird $(x_1, y_1) \circ (x_2, y_2)$ wie zuvor bestimmt.

Ist $x_1 \equiv x_2$, $y_1 \equiv -y_2$, dann setzen wir $(x_1, y_1) \circ (x_2, y_2) = \infty$. Ist $x_1 \not\equiv x_2$, dann sei $s(x_1 - x_2) \equiv 1 \pmod{p}$, und

$$\lambda \equiv (y_1 - y_2)s \pmod{p}$$
$$x_3 \equiv \lambda^2 - x_1 - x_2 \pmod{p}$$
$$y_3 \equiv \lambda(x_3 - x_1) + y_1 \pmod{p},$$

und wir setzen $(x_1, y_1) \circ (x_2, y_2) = (x_3, -y_3)$.

Ist schließlich $x_1 \equiv x_2$, $y_1 \not\equiv -y_2$, so ist $\lambda \equiv (3x_1^2 + a)s \pmod{p}$, wobei $(2y_1)s \equiv 1 \pmod{p}$ ist.

In unserem Beispiel $p = 5$, $\mathcal{C} : y^2 = x^3 - x - 1 \pmod 5$ erhalten wir $E(\mathcal{C}) = \{\infty, (0,2), (0,3), (1,2), (1,3), (2,0), (4,2), (4,3)\}$. Beachte, dass $x = 3$ nicht möglich ist, da $3^3 - 3 - 1 = 23 \equiv 3 \pmod 5$ NR mod 5 ist. Berechnen wir z.B. $(1,2) \circ (0,2)$. Wir erhalten

$$s(x_1 - x_2) \equiv 1 \pmod 5, \quad \text{also} \quad s = 1$$
$$\lambda \equiv y_1 - y_2 \equiv 0 \pmod 5$$
$$x_3 \equiv -x_1 - x_2 \equiv 4 \pmod 5$$
$$y_3 \equiv y_1 \equiv 2 \pmod 5$$

also $(1,2) \circ (0,2) = (x_3, -y_3) = (4,3)$.

Übung 93.   *Bestimme die Gruppe $E(\mathcal{C})$ des Beispieles.*

Gegeben eine Kurve $\mathcal{C} : y^2 = x^3 + ax + b \bmod p$, wieviele Elemente hat die Gruppe $E(\mathcal{C})$? Es sei $h(x) = x^3 + ax + b$ die Gleichung auf der rechten Seite. Damit ein Punkt (x, y) auf $\mathcal{C}$ liegt, muß $h(x)$ ein quadratischer Rest sein (dann gibt es zwei zugehörige y) oder $h(x) = 0$, dann gibt es $y = 0$. Mit dem Legendre Symbol erhalten wir somit folgendes Ergebnis.

Satz 4.2.   *Sei $\mathcal{C}: y^2 = x^3 + ax + b \bmod p$, $p \in \mathbb{P}$, $p > 3$. Dann gilt mit $h(x) = x^3 + ax + b$*

$$\left| E(\mathcal{C}) \right| = (p + 1) + \sum_{x \in \mathbb{Z}_p} \left(\frac{h(x)}{p} \right).$$

Beweis. Mit dem uneigentlichen Element ∞ haben wir

$$\left|E(\mathcal{C})\right| = 1 + \sum_{x \in \mathbb{Z}_p}\left(\left(\frac{h(x)}{p}\right) + 1\right) = (p+1) + \sum_{x \in \mathbb{Z}_p}\left(\frac{h(x)}{p}\right).$$

$\square$

Ein berühmter Satz von Hasse besagt, dass das Restglied $\sum\left(\frac{h(x)}{p}\right)$ zwischen $-2\sqrt{p}$ und $2\sqrt{p}$ liegt, das heißt

$$p + 1 - 2\sqrt{p} \le \left|E(\mathcal{C})\right| \le p + 1 + 2\sqrt{p}.$$

Für $p = 7$ gilt zum Beispiel $3 \le \left|E(\mathcal{C})\right| \le 13$. Umgekehrt weiß man, dass es für jedes $m \in [p + 1 - 2\sqrt{p},\ p + 1 + 2\sqrt{p}]$ eine Kurve $\mathcal{C}$ mit $\left|E(\mathcal{C})\right| = m$ gibt.

Übung 94. *Betrachte die Kurve $\mathcal{C} : y^2 = x^3 + x + 3$ mod 11.*

a. Bestimme die Elemente von $E(\mathcal{C})$. b. Welche Punkte haben Ordnung 2? c. Welche Punkte haben Ordnung 3?

Übung 95. *Sei $p \in \mathbb{P}$, $p \equiv 3 \pmod 4$, $\mathcal{C} : y^2 = x^3 + ax$, $a \not\equiv 0 \pmod p$. Zeige: $\left|E(\mathcal{C})\right| = p + 1$.*

Hinweis: -1 ist kein quadratischer Rest.

Übung 96. *Betrachte alle elliptischen Kurven $\mathcal{C}$ mod 5. Zwischen welchen Schranken liegt $\left|E(\mathcal{C})\right|$? Konstruiere $\mathcal{C}_1, \mathcal{C}_2$ mit $\left|E(\mathcal{C}_1)\right| = \min$, $\left|E(\mathcal{C}_2)\right| = \max$.*

Elliptische Kurven spielen heute in der Kryptographie eine große Rolle. Die Sicherheit vieler Verfahren (z. B. des bekannten Diskreten Logarithmus Schemas) beruht auf der Tatsache, dass es in einer gewissen Gruppe schwer ist, die *Ordnung* eines Gruppenelementes zu bestimmen. Und das scheint beim heutigen Stand bei den Gruppen $E(\mathcal{C})$ mod p der Fall zu sein.

4.3 Summe von Quadraten

Problem. Für welche $n \in \mathbb{N}$ gilt $n = x^2 + y^2$, $x, y \in \mathbb{Z}$?

Geometrisch bedeutet dies: Betrachten wir alle Kreise $x^2 + y^2 = n$ vom Radius $\sqrt{n}$, so fragen wir nach den ganzzahligen Punkten auf diesen Kreisen.

Wir beginnen mit den Primzahlen p. Für die ersten Primzahlen erhalten wir

$$2 = 1^2 + 1^2,\ 3 =?,\ 5 = 2^2 + 1^2,\ 7 =?,\ 11 =?,\ 13 = 3^2 + 2^2,$$
$$17 = 4^2 + 1^2,\ 19 =?.$$

Dies sollte genügen, um folgende Vermutung aufzustellen:

$$\text{Sei } p \geq 3.\ \text{ Dann gilt: } p = x^2 + y^2 \iff p \equiv 1 \ (\mathrm{mod}\ 4).$$

Eine Richtung ist leicht. Da jedes Quadrat $x^2 \equiv 0$ oder $1 \ (\mathrm{mod}\ 4)$ ist, gilt für die Summe $x^2 + y^2 \equiv 0, 1$ oder $2 \ (\mathrm{mod}\ 4)$. Also ist $p = x^2 + y^2$ für $p \equiv 3 \ (\mathrm{mod}\ 4)$ nicht möglich. Interessanter ist die Umkehrung, und hier kommen wieder die quadratischen Reste ins Spiel. Es gilt der berühmte Zwei-Quadrate Satz von Fermat.

Satz 4.3 (Fermat). *Sei $p \in \mathbb{P}$, $p \geq 3$. Dann ist $p = x^2 + y^2 \iff p \equiv 1 \ (\mathrm{mod}\ 4)$.*

Beweis. Wir betrachten die Menge $S = \{(x', y') \in \mathbb{Z}^2 : 0 \leq x', y' \leq \lfloor \sqrt{p} \rfloor\}$, also $|S| = (\lfloor \sqrt{p} \rfloor + 1)^2$. Da $\lfloor \sqrt{p} \rfloor + 1 > \sqrt{p}$ ist, gilt also $|S| > p$.

Sei $s \in \mathbb{Z}$. Wir betrachten alle Zahlen der Form $x' - sy'$ mit $(x', y') \in S$. Da $|S| > p$ ist, und es p Restklassen mod p gibt, muss es nach dem Schubfachprinzip $(x', y') \neq (x'', y'')$ geben mit

$$x' - sy' \equiv x'' - sy'' \ (\mathrm{mod}\ p),$$

oder

$$x' - x'' \equiv s(y' - y'') \ \ (\mathrm{mod}\ p).$$

Wir setzen nun $x = |x' - x''|$, $y = |y' - y''|$. Wäre $y = 0$, also $y' = y''$, so hätten wir auch $x' = x''$ wegen $0 \leq x', x'' \leq \lfloor \sqrt{p} \rfloor$, im Widerspruch zu $(x', y') \neq (x'', y'')$. Wir haben also

$$x \equiv \pm sy \ (\mathrm{mod}\ p) \ \text{ mit } \ x, y \not\equiv 0 \ (\mathrm{mod}\ p). \tag{1}$$

Nun wissen wir, dass -1 QR mod p ist, also gibt es s mit $s^2 \equiv -1 \ (\mathrm{mod}\ p)$. Für dieses s erhalten wir in (1)

$$x^2 \equiv -y^2 \ (\mathrm{mod}\ p)$$

das heißt

$$p \,\big|\, x^2 + y^2. \tag{2}$$

Da aber $0 \leq x < \sqrt{p}$, $0 < y < \sqrt{p}$ und somit $0 < x^2 + y^2 < 2p$ gilt, kann (2) nur mit $p = x^2 + y^2$ erfüllt sein. $\qquad\square$

Der allgemeine Fall ist nun leicht.

Satz 4.4. *Es gilt $n = x^2 + y^2$ genau dann, wenn jeder Primteiler p von n der Form $p \equiv 3 \ (\mathrm{mod}\ 4)$ zu einer geraden Potenz in n auftritt.*

Übung 97. *Beweise den Satz.*

Hinweis. Sind n_1, n_2 Summen von zwei Quadraten, so auch $n_1 n_2$. Ferner $n = x^2 + y^2$, $p \mid n$, $p \equiv 3 \pmod 4 \Rightarrow p \mid x, p \mid y$.

Wir haben in Kapitel 2 mit einer „Euklid"-Methode gezeigt, dass es unendlich viele Primzahlen p mit $p \equiv 3 \pmod 4$ gibt. Mit Satz 4.4 kann man leicht das entsprechende Ergebnis für $p \equiv 1 \pmod 4$ beweisen

Übung 98. *Zeige: Es gibt unendlich viele Primzahlen p mit $p \equiv 1 \pmod 4$.*

Wir können den Satz 4.3 für Primzahlen $p \equiv 1 \pmod 4$ auch mit der Approximationsmethode aus dem vorigen Kapitel beweisen, und dies liefert uns auch einen Algorithmus.

Eine Variante des Satzes 3.1 von Dirichlet (oder Kettenbruchentwicklung) besagt: Für $\alpha \in \mathbb{R}$ und N gibt es einen Bruch $\frac{a}{b}$ mit

$$0 < \left| \alpha - \frac{a}{b} \right| \le \frac{1}{b(N+1)}, \quad b \le N.$$

Sei $p \in \mathbb{P}$, $p \equiv 1 \pmod 4$ gegeben, dann setzen wir $N = \lfloor \sqrt{p} \rfloor$, $\alpha = -\frac{s}{p}$, wobei $s^2 \equiv -1 \pmod p$ ist, $0 < s < p$. Es gibt also $\frac{a}{b}$ mit $b < \sqrt{p}$ und

$$\left| -\frac{s}{p} - \frac{a}{b} \right| \le \frac{1}{b(\lfloor \sqrt{p} \rfloor + 1)} < \frac{1}{b \sqrt{p}},$$

das heißt

$$\left| sb + ap \right| < \sqrt{p}.$$

Sei $c = sb + ap$, dann ist $0 < b^2 + c^2 < 2p$, und ferner

$$b^2 + c^2 \equiv b^2 + s^2 b^2 \equiv 0 \pmod p,$$

und wir schließen $p = b^2 + c^2$.

Um das geeignete $\frac{a}{b}$ für $\alpha = -\frac{s}{p}$ zu finden, benötigen wir also den Euklidischen Algorithmus zur Division von $-s$ durch p.

Übung 99. *Löse mit dieser Methode $41 = x^2 + y^2$ und $61 = x^2 + y^2$.*

Wir wissen nun, dass alle Primzahlen $p \equiv 1 \pmod 4$ Summe von zwei Quadraten sind. Jede Darstellung $p = x^2 + y^2$ ergibt natürlich weitere Darstellungen mit $\pm x, \pm y$ und Vertauschung von x und y. Davon abgesehen ist aber die Darstellung eindeutig.

Satz 4.5. *Sei $p \in \mathbb{P}$, $p \equiv 1 \pmod 4$. Dann gibt es genau ein Paar $\{x, y\}$ von positiven ganzen Zahlen mit $p = x^2 + y^2$.*

Beweis. Sei $p = x^2 + y^2$, dann gilt $0 < x < \sqrt{p}$, $0 < y < \sqrt{p}$, und $y^2 \equiv -x^2$ $\pmod p$. Sei u die eindeutige Zahl mit $0 < u < p$ und $y \equiv ux \pmod p$, dann haben wir $y^2 \equiv u^2 x^2 \pmod p$, also $u^2 \equiv -1 \pmod p$. Die zweite Lösung von $u^2 \equiv -1 \pmod p$ ist $-u \equiv u^{-1} \pmod p$. Sei nun $p = x_1^2 + y_1^2$ eine weitere Lösung, $0 < x_1, y_1 < \sqrt{p}$. Dann ist wieder $y_1 \equiv ux_1 \pmod p$ oder $y_1 \equiv (-u)x_1 \pmod p$. Durch eventuelle Vertauschung von x_1 und y_1 können wir also annehmen $y_1 \equiv ux_1$ $\pmod p$. Daraus folgt nun

$$u \equiv yx^{-1} \equiv y_1 x_1^{-1} \pmod p$$

und wegen $0 < x, y, x_1, y_1 < \sqrt{p}$ muss $x_1 y = x y_1$ gelten. Da x und y bzw. x_1 und y_1 teilerfremd sind, folgt daraus $x = x_1$, $y = y_1$. $\qquad\square$

Als nächstes fragen wir uns, welche Zahlen Summe von drei Quadraten ist. Die kleinste Zahl, für die das nicht zutrifft, ist 7, die nächsten sind $15, 23, 28, 31$.

Übung 100. *Zeige, dass keine Zahl der Form $4^m(8k + 7)$ Summe von drei Quadraten ist. Bemerkung: Es gilt auch die Umkehrung.*

Hinweis: Zeige, n ist Summe von 3 Quadraten genau dann, wenn es $4n$ ist.

Und wie sieht es mit vier Quadraten aus? Hier gilt nun ein Satz von Lagrange.

Satz 4.6 (Lagrange). *Jede ganze Zahl $n \geq 0$ ist Summe von vier Quadraten.*

Beweis. Zunächst stellen wir fest: Sind n_1, n_2 Summe von vier Quadraten, so gilt dies auch für das Produkt. Dies folgt aus der folgenden Formel von Lagrange, die man durch Ausrechnen bestätigt:

$$(x_1^2 + x_2^2 + x_3^2 + x_4^2)(y_1^2 + y_2^2 + y_3^2 + y_4^2) =$$
$$(x_1 y_1 + x_2 y_2 + x_3 y_3 + x_4 y_4)^2 + (x_1 y_2 - x_2 y_1 + x_3 y_4 - x_4 y_3)^2$$
$$+ (x_1 y_3 - x_3 y_1 + x_2 y_4 - x_4 y_2)^2 + (x_1 y_4 - x_4 y_1 + x_2 y_3 - x_3 y_2)^2.$$

Es genügt also, Primzahlen p zu betrachten, p ungerade. Zunächst zeigen wir, dass jedenfalls ein Vielfaches mp Summe von vier Quadraten ist.

Dafür betrachten wir die Mengen $\{x^2 : 0 \leq x \leq \frac{p-1}{2}\}$ und $\{-1 - y^2 : 0 \leq y \leq \frac{p-1}{2}\}$. Beide Mengen haben je $\frac{p+1}{2}$ Elemente, also muss es nach dem Schubfachprinzip ein x und y geben mit

$$x^2 \equiv -1 - y^2 \pmod{p}$$

das heißt

$$x^2 + y^2 + 1^2 \equiv 0 \pmod{p}.$$

Also haben wir

$$mp = x^2 + y^2 + 1^2 + 0^2 \quad \text{für ein} \quad m,$$

und wegen $x, y < \frac{p}{2}$ gilt ferner $mp < \frac{p^2}{2} + 1$, also $m < p$.

Es sei m das *minimale* Vielfache von p, so dass eine Darstellung

$$mp = x_1^2 + x_2^2 + x_3^2 + x_4^2 \tag{3}$$

existiert, wobei wir $m < p$ schon wissen. Zu zeigen ist also $m = 1$.

Angenommen $1 < m < p$.

Ist m gerade, so haben wir o. B. d. A. drei Möglichkeiten in (3):

1)   alle $x_i \equiv 0 \pmod{2}$

2) $x_1 \equiv x_2 \equiv 0,\ x_3 \equiv x_4 \equiv 1 \pmod{2}$

3) $x_1 \equiv x_2 \equiv x_3 \equiv x_4 \equiv 1 \pmod{2}$.

In allen Fällen sind $x_1 \pm x_2$, $x_3 \pm x_4$ gerade, und wir erhalten

$$\frac{1}{2}mp = \left(\frac{x_1 + x_2}{2}\right)^2 + \left(\frac{x_1 - x_2}{2}\right)^2 + \left(\frac{x_3 + x_4}{2}\right)^2 + \left(\frac{x_3 - x_4}{2}\right)^2,$$

im Widerspruch zur Minimalität von m. Wir können also m als ungerade voraussetzen. Sind alle x_i in (3) Vielfache von m, so gilt $m^2 \mid mp$, $m \mid p$, was nicht geht.

Wir reduzieren nun die x_i modulo m auf die kleinsten Reste y_i mit $|y_i| < \frac{m}{2}$, also

$$y_i \equiv x_i \pmod{m} \quad (i = 1, \dots, 4). \tag{4}$$

Da nicht alle x_i Vielfache von m sind, muss wenigstens ein $y_i \neq 0$ sein, das heißt

$$y_1^2 + y_2^2 + y_3^2 + y_4^2 > 0.$$

Wir haben also wegen (3) und (4)

$$0 < y_1^2 + y_2^2 + y_3^2 + y_4^2 < 4(\frac{m}{2})^2 = m^2.$$

$$y_1^2 + y_2^2 + y_3^2 + y_4^2 \equiv x_1^2 + x_2^2 + x_3^2 + x_4^2 \equiv 0 \ (\mathrm{mod}\ m).$$

In Zusammenfassung:

$$x_1^2 + x_2^2 + x_3^2 + x_4^2 = mp \quad (1 < m < p)$$
$$y_1^2 + y_2^2 + y_3^2 + y_4^2 = mm_1 \quad (0 < m_1 < m).$$

Aus der Lagrangeschen Formel folgt

$$m^2 m_1 p = z_1^2 + z_2^2 + z_3^2 + z_4^2 \tag{5}$$

mit $z_1 = x_1 y_1 + x_2 y_2 + x_3 y_3 + x_4 y_4 \equiv x_1^2 + x_2^2 + x_3^2 + x_4^2 \equiv 0 \ (\mathrm{mod}\ m)$.

Ebenso gilt $z_2 \equiv z_3 \equiv z_4 \equiv 0 \ (\mathrm{mod}\ m)$, da sich die Quadrate modulo m wegheben. Wir haben somit $z_i = mt_i$, also $z_i^2 = m^2 t_i^2$ und durch Kürzen in (5)

$$m_1 p = t_1^2 + t_2^2 + t_3^2 + t_4^2$$

mit $m_1 < m$, Widerspruch. $\qquad\qquad\qquad\qquad\qquad\qquad\qquad\qquad\qquad\qquad\square$

Bemerkung. Das allgemeine Problem, genannt das *Waringsche Problem*, lautet folgendermaßen: Gegeben k. Gibt es eine Zahl $g(k)$, so dass jede natürliche Zahl n Summe von $g(k)$ k-ten Potenzen ist, $n = x_1^k + x_2^k + \cdots + x_{g(k)}^k$? Dies wurde von Hilbert im positiven Sinn gelöst.

4.4   Quadratische Formen

In Verallgemeinerung des letzten Abschnittes stellen wir folgendes

Problem. Gegeben n, welche Primzahlen p sind von der Form $p = x^2 + ny^2$?

Dabei können wir $p \nmid n$ annehmen, da ansonsten nur $n = p$ mit $p = 0^2 + p \cdot 1^2$ in Frage kommt, und außerdem $(x, y) = 1$.

Wir besprechen zwei Ansätze, die auf jeweils andere Fragestellungen führen.

A.   Gegeben $a, b, c \in \mathbb{Z}$. Welche $p \in \mathbb{P}$ können in der Form $p = ax^2 + bxy + cy^2$ dargestellt werden? Dies führt auf allgemeine *quadratische Formen*.

B.   Wir schreiben $p = (x + \sqrt{-n}\,y)(x - \sqrt{-n}\,y)$. Dies führt zu *quadratischen Zahlringen*, die im nächsten Abschnitt behandelt werden.

Beispiele. Wir werden sehen:

1) $p = x^2 + 2y^2 \iff p \equiv 1,3 \;(\text{mod } 8),\; p \geq 3,$

2) $p = x^2 + 3y^2 \iff p \equiv 1 \;(\text{mod } 3),\; p \neq 3,$

3) $p = x^2 + 5y^2 \iff p \equiv 1,9 \;(\text{mod } 20),\; p \neq 5.$

Die eine Richtung ist leicht. Sei z. B. $p = x^2 + 2y^2$. Da $p \geq 3$ ist, muss x ungerade sein, also $x^2 \equiv 1 \;(\text{mod } 8)$. Für y gerade ergibt dies $p \equiv 1 \;(\text{mod } 8)$, und für y ungerade $p \equiv 3 \;(\text{mod } 8)$. Der schwierige Teil ist die Umkehrung.

Idee. Wenn $p = x^2 + ny^2$ mit $p \nmid n$ gilt, dann ist $(x,y) = 1$. Eine notwendige Bedingung dafür ist

$$p \mid x^2 + ny^2,\, (x,y) = 1.$$

Satz 4.7. *Sei $n > 0$, $p \nmid n$. Dann gilt:*

$$p \mid x^2 + ny^2,\; (x,y) = 1 \iff \left(\frac{-n}{p}\right) = 1.$$

Beweis. $\Rightarrow$: Wir haben $x^2 \equiv -ny^2 \;(\text{mod } p)$, $(x,p) = 1$, $(y,p) = 1$, also $\left(\frac{-ny^2}{p}\right) = \left(\frac{x^2}{p}\right) = 1$, somit $\left(\frac{-n}{p}\right) = 1$.

$\Leftarrow$: Aus $\left(\frac{-n}{p}\right) = 1$ folgt $a^2 \equiv -n \;(\text{mod } p)$ für ein a, also $p \mid a^2 + n \cdot 1^2$ mit $(a,1) = 1$. $\quad\square$

Beispiele.

1. $p \mid x^2 + y^2$ ergibt $\left(\frac{-1}{p}\right) = 1$, also $p \equiv 1 \;(\text{mod } 4)$.

2. $p \mid x^2 + 5y^2$, $p \neq 5$, ergibt $\left(\frac{-5}{p}\right) = 1$. Wir haben

$$\left(\frac{-5}{p}\right) = \left(\frac{-1}{p}\right)\left(\frac{5}{p}\right) = \left(\frac{-1}{p}\right)\left(\frac{p}{5}\right) = 1 \iff \begin{cases} p \equiv 1 \;(\text{mod } 4),\; p \equiv 1,4 \;(\text{mod } 5) \\ p \equiv 3 \;(\text{mod } 4),\; p \equiv 2,3 \;(\text{mod } 5) \end{cases}$$

   also $p \equiv 1,9,3,7 \;(\text{mod } 20)$ nach dem Chinesischen Restsatz.

3. $p \mid x^2 + 14y^2$, $p \neq 7$, ergibt $\left(\frac{-14}{p}\right) = 1$. Man berechnet

$$\left(\frac{-14}{p}\right) = 1 \iff p \equiv 1,3,5,9,13,15,19,23,25,27,39,45 \;(\text{mod } 56).$$

Es fällt auf, dass die Kongruenzen stets mod $4n$ sind, und das ist kein Zufall, wie wir sehen werden.

Übung 101. *Führe die Rechnung $(\frac{-14}{p}) = 1$ aus und entscheide, welche 6 Kongruenzen von p mod 56 für $p = x^2 + 14y^2$ in Frage kommen.*

Definition. Eine *quadratische Form* ist ein Polynom $f(x, y) = ax^2 + bxy + cy^2$, $a, b, c \in \mathbb{Z}$; $f(x, y)$ heißt *primitiv*, falls $(a, b, c) = 1$ gilt.

Definition. Eine Zahl $m \in \mathbb{Z}$ wird durch $f(x, y)$ *dargestellt*, falls $m = f(x, y)$ für gewisse $x, y \in \mathbb{Z}$ ist; m wird *primitiv* dargestellt, falls $m = f(x, y)$ mit $(x, y) = 1$ ist.

Beispiel. $a = f(1, 0)$, $c = f(0, 1)$, $a + b + c = f(1, 1)$ werden primitiv dargestellt.

Beispiel. $p = x^2 + ny^2$, $p \nmid n$, bedeutet, dass p primitiv durch die primitive Form $x^2 + ny^2$ dargestellt wird.

Als erstes verschaffen wir uns einen Überblick über die quadratischen Formen mittels einer geeigneten Äquivalenzrelation.

Sei $f(x, y) = ax^2 + bxy + cy^2$, $F = \begin{pmatrix} a & b/2 \\ b/2 & c \end{pmatrix}$. Dann ist

$$f(x, y) = (x, y)^T \begin{pmatrix} a & b/2 \\ b/2 & c \end{pmatrix} \begin{pmatrix} x \\ y \end{pmatrix} = \boldsymbol{x}^T F \boldsymbol{x} \, .$$

Sei $A = \begin{pmatrix} \alpha & \beta \\ \gamma & \delta \end{pmatrix}$ mit $\alpha, \beta, \gamma, \delta \in \mathbb{Z}$ und $\det A = \alpha\delta - \beta\gamma = 1$,

$$\begin{pmatrix} x \\ y \end{pmatrix} = A \begin{pmatrix} X \\ Y \end{pmatrix} = \begin{pmatrix} \alpha & \beta \\ \gamma & \delta \end{pmatrix} \begin{pmatrix} X \\ Y \end{pmatrix}, \tag{1}$$

$$x = \alpha X + \beta Y$$
$$y = \gamma X + \delta Y \, .$$

Da $A^{-1} = \begin{pmatrix} \delta & -\beta \\ -\gamma & \alpha \end{pmatrix}$ ganzzahlige Matrix ist, folgt $\begin{pmatrix} x \\ y \end{pmatrix} \in \mathbb{Z}^2 \Leftrightarrow \begin{pmatrix} X \\ Y \end{pmatrix} \in \mathbb{Z}^2$. Einsetzen ergibt die Form

$$\begin{aligned}
f(x, y) = f(\alpha X + \beta Y, \gamma X + \delta Y) = \\
= a(\alpha X + \beta Y)^2 + b(\alpha X + \beta Y)(\gamma X + \delta Y) + c(\gamma X + \delta Y)^2 \\
= (a\alpha^2 + ba\gamma + c\gamma^2)X^2 + (2a\alpha\beta + b(\alpha\delta + \beta\gamma) + 2c\gamma\delta)XY \\
+ (a\beta^2 + b\beta\delta + c\delta^2)Y^2 \\
= AX^2 + BXY + CY^2 = g(X, Y),
\end{aligned}$$

mit

$$A = a\alpha^2 + ba\gamma + c\gamma^2$$
$$B = 2a\alpha\beta + b(\alpha\delta + \beta\gamma) + 2c\gamma\delta \tag{2}$$
$$C = a\beta^2 + b\beta\delta + c\delta^2.$$

Definition. Die Formen f und g sind *äquivalent*, $f \sim g$, falls g aus f durch eine ganzzahlige Transformation (1) hervorgeht.

Ist $f(x,y) = x^T F x$, $g(X,Y) = X^T G X$, $x = AX$, so haben wir

$$f(x,y) = x^T F x = X^T (A^T F A) X = g(X,Y),$$

also

$$G = A^T F A, \ \det A = 1. \tag{3}$$

Satz 4.8. *Die Relation $\sim$ ist eine Äquivalenzrelation auf der Menge der quadratischen Formen.*

Beweis. $f \sim f$ mit $A = \begin{pmatrix} 1 & 0 \\ 0 & 1 \end{pmatrix}$.

$f \sim g \Rightarrow G = A^T F A \Rightarrow (A^{-1})^T G A^{-1} = F \Rightarrow g \sim f$.

$f \sim g$, $g \sim h \Rightarrow G = A^T F A$, $H = B^T G B \Rightarrow H = B^T A^T F A B = (AB)^T F (AB) \Rightarrow f \sim h$, da $\det(AB) = 1$ ist. $\qquad\square$

Eigenschaften.

1. Äquivalente Formen stellen dieselben Zahlen dar. Dies ist unmittelbar klar aus der Definition.

2. Ist f primitiv, $f \sim g$, so ist g primitiv. Angenommen $(A,B,C) = 1$, dann folgt aus (2) sofort $(a,b,c) = 1$.

Übung 102. *Zur quadratischen Form $f(x,y) = ax^2 + bxy + cy^2$ sei $\overline{f}(x,y) = ax^2 - bxy + cy^2$. Zeige: $f \sim g \Longleftrightarrow \overline{f} \sim \overline{g}$.*

Hinweis: Formel (2).

Definition. Sei $f(x,y) = x^T F x$, $F = \begin{pmatrix} a & b/2 \\ b/2 & c \end{pmatrix}$, dann ist $\det F = ac - \frac{b^2}{4}$.

$D_f = -4\det F = b^2 - 4ac$ heißt die *Diskriminante* der quadratischen Form f.

3. Äquivalente Formen haben dieselbe Diskriminante. Dies folgt sofort aus (3), da $\det G = (\det A)^2 \det F = \det F$.

4. Die Diskriminante D_f ist eine ganze Zahl mit

$$D_f \equiv 0, 1 \quad (\mathrm{mod}\ 4). \tag{4}$$

Beispiel. Die Form $x^2 + ny^2$ hat Diskriminante $-4n$.

Übung 103.   *Sei $f(x,y) = ax^2 + bxy + cy^2$ primitive Form mit $a > 0$, $D_f = 0$.*

a. Zeige: Genau die Quadrate $m = k^2$, $k \geq 0$, werden durch f dargestellt.
b. Folgere: Falls $(a, b, c) = d > 1$ ist, dann werden genau die Zahlen $m = dk^2$ dargestellt.
c. Stelle 25 durch $x^2 - 6xy + 9y^2$ dar, $x \neq 0$, $y \neq 0$.

Definition. Die Form $f(x,y) = ax^2 + bxy + cy^2$ heißt *positiv definit*, falls $f(x,y) \geq 0$ für alle $x, y \in \mathbb{Z}$ gilt und $f(x,y) = 0 \iff x = y = 0$.

Satz 4.9.   *Die Form $f(x,y) = ax^2 + bxy + cy^2$ ist positiv definit $\iff D_f < 0$, $a > 0$.*

Beweis. Wir haben

$$4af(x,y) = 4a^2x^2 + 4abxy + 4acy^2$$
$$= (2ax + by)^2 + (4ac - b^2)y^2.$$

Ist $f(x,y)$ positiv definit, so gilt $a = f(1,0) > 0$. Wählen wir $x = b$, $y = -2a \neq 0$, so ist die rechte Seite $(4ac - b^2)4a^2$, also $4ac - b^2 > 0$, das heißt $D_f < 0$.

Ist umgekehrt $a > 0$, $4ac - b^2 > 0$, so ist die rechte Seite ≥ 0 und 0 nur für $x = y = 0$, somit $f(x,y)$ positiv definit. $\qquad\qquad\square$

Folgerung 4.10.   *Jede zu einer positiv definiten Form äquivalente Form ist positiv definit.*

Beweis. Mit der Bezeichnung wie in (2) gilt $A = g(1,0) = f(\alpha, \gamma) > 0$, da α, γ nicht beide 0 sein können. Außerdem haben wir $D_g = D_f < 0$. $\qquad\qquad\square$

Übung 104.   *Die Form $f(x) = ax^2 + bxy + cy^2$ heißt negativ definit, falls stets $f(x,y) \leq 0$ ist und $f(x,y) = 0 \iff x = y = 0$. Zeige: f is genau dann negativ definit, wenn $a < 0$ und $D_f < 0$ gilt.*

Hilfssatz 4.11. *Ist m primitiv darstellbar durch $f(x,y)$, so ist f äquivalent zu einer Form $g(x,y) = mx^2 + bxy + cy^2$.*

Beweis. Es sei $m = f(r,s)$, $(r,s) = 1$. Dann gibt es $t, u \in \mathbb{Z}$ mit $ru - st = 1$. Wählen wir die Transformationsmatrix $A = \begin{pmatrix} r & t \\ s & u \end{pmatrix}$, $x = rX + tY$, $y = sX + uY$, so gilt

$$m = f(r,s) = g(1,0),$$

also $g(X,Y) = mX^2 + bXY + cY^2$. $\square$

Satz 4.12. *Sei $D \equiv 0,1 \pmod 4$, $m \in \mathbb{Z}$ ungerade, $(m,D) = 1$. Dann ist m primitiv darstellbar durch eine primitive Form $f(x,y)$ mit $D_f = D \iff D$ ist quadratischer Rest mod m.*

Beweis. $\Rightarrow$: Nach Hilfssatz 4.11 wird m dargestellt durch eine primitive Form $mx^2 + bxy + cy^2$. Also ist $D = D_f = b^2 - 4mc \equiv b^2 \pmod m$.

$\Leftarrow$: Es sei $D \equiv b^2 \pmod m$. Da m ungerade ist, können wir $D \equiv b \pmod 2$ annehmen (wenn $D \not\equiv b \pmod 2$ ist, nehme man $b + m$). Es folgt $D \equiv b^2 \pmod 4$, also $D \equiv b^2 \pmod{4m}$, somit $D = b^2 - 4mc$ für ein $c \in \mathbb{Z}$. Die Form $mx^2 + bxy + cy^2$ stellt m primitiv dar mit Diskriminante D. Außerdem ist sie primitiv, da $(m,D) = 1$ ist und daher $(m,b) = 1$. $\square$

Folgerung 4.13. *Sei $p \in \mathbb{P}$, $p \geq 3$, $n \in \mathbb{N}$ mit $p \nmid n$. Dann gilt: p ist genau dann darstellbar durch eine positive Form mit Diskriminante $-4n$, wenn $(\frac{-n}{p}) = 1$ gilt.*

Beweis. Es gilt

$$\left(\frac{-n}{p}\right) = 1 \iff \left(\frac{-4n}{p}\right) = 1,$$

und die Aussage folgt aus Satz 4.12. $\square$

Die Form $x^2 + ny^2$ hat Diskriminante $-4n$. Wenn p durch eine primitive Form f mit $D_f = -4n$ dargestellt wird, so wird sie primitiv dargestellt. Nach Hilfssatz 4.11 wird p dann durch eine äquivalente Form $g(x,y) = px^2 + bxy + cy^2$ dargestellt, und wegen $p > 0$, $D_f < 0$ ist g positiv definit. Das heißt, $p \in \mathbb{P}$ wird nur von primitiven Formen dargestellt, die positiv definit sind. Wenn wir zeigen können, dass bis auf Äquivalenz $x^2 + ny^2$ die *einzige* primitive positiv definite Form mit Diskriminante $-4n$ ist, so folgt aus Folgerung 4.13 sofort $p = x^2 + ny^2 \iff (\frac{-n}{p}) = 1$. Wir haben also das folgende

Problem. Wieviele Äquivalenzklassen primitiver positiv definiter Formen mit Diskriminante $-4n$ gibt es?

Definition. Sei $f(x,y) = ax^2 + bxy + cy^2$ positiv definit; $f(x,y)$ heißt *reduziert*, falls gilt:

1) $|b| \leq a \leq c$

2) $a = c$ oder $|b| = a$ impliziert $b \geq 0$.

Beispiel. Die Form $x^2 + ny^2$ ist reduziert.

Satz 4.14. *Jede positiv definite Form ist äquivalent zu genau einer reduzierten Form. Mit anderen Worten: Die reduzierten Formen bilden ein Repräsentantensystem für die Äquivalenzklassen positiv definiter Formen.*

Beweis. Im ersten Schritt zeigen wir, dass jede positiv definite Form äquivalent zu einer reduzierten Form ist, und im zweiten Schritt, dass je zwei reduzierte Formen inäquivalent sind.

1. Sei f gegeben. Unter allen $g \sim f$ wähle eine mit $|b| = \min$, $f(x,y) = ax^2 + bxy + cy^2$, $|b| = \min$. Falls $a < |b|$ ist, wähle die Transformation $A = \begin{pmatrix} 1 & m \\ 0 & 1 \end{pmatrix}$

$$f(x + my, y) = a(x + my)^2 + b(x + my)y + cy^2$$
$$= ax^2 + (2am + b)xy + c'y^2.$$

Falls $b > 0$, wähle $m = -1$, dann ist $2am + b = -2a + b$ mit $-b < -2a + b < b$. Falls $b < 0$, wähle $m = 1$, dann ist $2am + b = 2a + b$ mit $b < 2a + b < -b$. In beiden Fällen ist $|2am + b| < |b|$, Widerspruch. Die analoge Überlegung gilt für c.

Wir können also $|b| \leq a, c$ annehmen. Falls $a > c$ ist, wähle die Transformation $A = \begin{pmatrix} 0 & -1 \\ 1 & 0 \end{pmatrix}$,

$$f(-y, x) = cx^2 - bxy + ay^2.$$

Wir können also annehmen

$$|b| \leq a \leq c.$$

Fall 1. $a = c$. Falls $b < 0$ ist, wähle $A = \begin{pmatrix} 0 & -1 \\ 1 & 0 \end{pmatrix}$,

$$f(-y, x) = ax^2 - bxy + ay^2$$

mit $-b \geq 0$, wobei a, c unverändert bleiben.

Fall 2. $b = -a$. Wähle $A = \begin{pmatrix} 1 & 1 \\ 0 & 1 \end{pmatrix}$, dann ist

$$f(x+y, y) = a(x+y)^2 + b(x+y)y + cy^2$$
$$= ax^2 + (2a+b)xy + (a+b+c)y^2$$
$$= ax^2 + axy + cy^2,$$

mit $b = a > 0$.

2. Seien $f(x,y) = ax^2 + bxy + cy^2$, $g(X,Y) = AX^2 + BXY + CY^2$ reduziert, $f \sim g$. Wir müssen zeigen, dass $a = A$, $b = B$, $c = C$ gilt. Sei

$$x = \alpha X + \beta Y$$
$$y = \gamma X + \delta Y$$

mit $\alpha\delta - \beta\gamma = 1$. Es ist klar, dass $(x,y) = 1 \Leftrightarrow (X,Y) = 1$ ist. Es gilt

$$f(\pm 1, 0) = a, \quad f(0, \pm 1) = c$$
$$g(\pm 1, 0) = A, \quad g(0, \pm 1) = C.$$

Sei $x \neq 0$, $y \neq 0$, $|x| \geq |y|$. Dann gilt

$$f(x,y) = ax^2 + bxy + cy^2 \geq |x|(a|x| - |by|) + c|y|^2$$
$$\geq |x|^2(a - |b|) + c|y|^2 \geq a - |b| + c \geq c,$$

und analog für $|y| \geq |x|$.

Da $f(1,1) = a + b + c$, $f(1,-1) = a - b + c$ ist, werden $a, c, a - |b| + c$ primitiv dargestellt.

Also: a ist der minimale Wert, der *primitiv* angenommen wird, der nächst größere ist c, dann $a - |b| + c$. Da f und g dieselben Werte primitiv annehmen, gilt jedenfalls $a = A$.

Angenommen $c > C$. Dann folgt $C = A = a$, da C von $f(x,y)$ primitiv angenommen wird. Das bedeutet aber, dass a in $f(x,y)$ nur zweimal primitiv angenommen wird ($x = \pm 1, y = 0$), in $g(X,Y)$ aber viermal ($X = \pm 1, Y = 0$), bzw. ($X = 0, Y = \pm 1$), Widerspruch. Es ist also $c = C$.

Aus $b^2 - 4ac = B^2 - 4AC$ folgt $b^2 = B^2$, somit $B = \pm b$. Angenommen $B = -b \neq 0$, wobei o.B.d.A. $B < 0$ sei. Da $g(X,Y)$ reduziert ist, haben wir $|B| < a < c$. Für $|X| \neq 0$, $|Y| \neq 0$ gilt daher

$$g(X,Y) \geq a - |B| + c > c.$$

Also wird a in f und g primitiv nur für $(\pm 1, 0)$ angenommen, und c nur für $(0, \pm 1)$. Dies bedeutet

$$\begin{pmatrix} \pm 1 \\ 0 \end{pmatrix} = \begin{pmatrix} \alpha & \beta \\ \gamma & \delta \end{pmatrix} \begin{pmatrix} \pm 1 \\ 0 \end{pmatrix} \Longrightarrow \alpha = \pm 1,\ \gamma = 0$$

$$\begin{pmatrix} 0 \\ \pm 1 \end{pmatrix} = \begin{pmatrix} \alpha & \beta \\ \gamma & \delta \end{pmatrix} \begin{pmatrix} 0 \\ \pm 1 \end{pmatrix} \Longrightarrow \beta = 0,\ \delta = \pm 1,$$

und somit $1 = \alpha\delta - \beta\gamma = \alpha\delta$. Aus (2) sehen wir aber

$$B = 2a\alpha\beta + b(\alpha\delta + \beta\gamma) + 2c\gamma\delta = b,$$

Widerspruch. $\qquad\qquad\square$

Folgerung 4.15. *Zu gegebener Diskriminante $D = b^2 - 4ac < 0$ gibt es nur endlich viele positiv definite Formen.*

Beweis. Aus $|b| \le a \le c$, $a > 0$, folgt

$$-D = 4ac - b^2 \ge 4a^2 - b^2 \ge 3a^2 \Longrightarrow a \le \sqrt{\frac{-D}{3}},$$

also gibt es nur endlich viele a. Weiter ist zu gegebenem a,

$$-D = 4ac - b^2 \ge 4ac - ac = 3ac \Longrightarrow c \le \frac{-D}{3a},$$

also gibt es nur endlich viele c, und damit zu gegebenem a, c und $D = b^2 - 4ac$ nur höchstens zwei b. $\qquad\qquad\square$

Bemerkung. Aus $-D = 4ac - b^2 \le 4ac$ folgt zu gegebenem a

$$\frac{-D}{4a} \le c \le \frac{-D}{3a}.$$

Beispiele. $D \equiv 0, 1 \pmod 4$, $D < 0$.

$$\begin{array}{llll}
D = -3: & a = 1,\ c = 1,\ b = 1: & x^2 + xy + y^2 \\
D = -4: & a = 1,\ c = 1,\ b = 0: & x^2 + y^2 \\
D = -7: & a = 1,\ c = 2,\ b = 1: & x^2 + xy + 2y^2 \\
D = -8: & a = 1,\ c = 2,\ b = 0: & x^2 + 2y^2
\end{array}$$

$$D = -12: \quad a = 1, \ c = 3, \ b = 0: \quad x^2 + 3y^2$$
$$a = 2, \ c = 2, \ b = 2: \quad 2x^2 + 2xy + 2y^2 \text{ (nicht primitiv)}$$
$$D = -20: \quad a = 1, \ c = 5, \ b = 0: \quad x^2 + 5y^2$$
$$a = 2, \ c = 3, \ b = 2: \quad 2x^2 + 2xy + 3y^2$$
$$D = -28: \quad x^2 + 7y^2$$
$$2x^2 + 2xy + 4y^2 \text{ (nicht primitiv)}$$
$$D = -56: \quad x^2 + 14y^2$$
$$2x^2 + 7y^2$$
$$3x^2 \pm 2xy + 5y^2.$$

Übung 105. *Bestimme die zu $3x^2 + 7xy + 5y^2$ äquivalente reduzierte Form.*

Übung 106. *Es sei $f(x) = x^2 + ny^2$ und $g(x) = ax^2 + bxy + cy^2$ eine positiv definite reduzierte Form mit $D_g = -4n$. Angenommen die Primzahl p, $p \neq 2$, $p \nmid n$, wird durch f und g dargestellt. Zeige, dass daraus $f = g$ folgt.*

Hinweis: Verwende Hilfssatz 4.11 und Übung 102.

Definition. Sei $D \equiv 0, 1 \pmod{4}$, $D < 0$. Die *Klassenzahl* $h(D) = \#$ reduzierter primitiver positiv definiter Formen.

Wir wissen:

$(\frac{-n}{p}) = 1 \Leftrightarrow p$ ist darstellbar durch eine primitive positiv definite Form mit Diskriminante $-4n$ (Folgerung 4.13).

Es folgt: Wenn $h(-4n) = 1$ gilt, dann ist $p = x^2 + ny^2$, und somit

$$p = x^2 + ny^2 \Longleftrightarrow (\frac{-n}{p}) = 1.$$

Beispiel. Aus der Liste sehen wir $h(-4) = h(-8) = h(-12) = h(-28) = 1$, und ebenso ist $h(-16) = 1$. Damit gilt für $p \geq 3$,

$$p = x^2 + y^2 \ \Leftrightarrow (\frac{-1}{p}) = 1 \Leftrightarrow p \equiv 1 \pmod{4},$$

$$p = x^2 + 2y^2 \Leftrightarrow (\frac{-2}{p}) = 1 \Leftrightarrow p \equiv 1, 3 \pmod{8},$$

$$p = x^2 + 3y^2 \Leftrightarrow (\frac{-3}{p}) = 1 \Leftrightarrow p \equiv 1, 7 \pmod{12} \Leftrightarrow p \equiv 1 \pmod{3}, p \neq 3,$$

$$p = x^2 + 4y^2 \Leftrightarrow (\frac{-4}{p}) = 1 \Leftrightarrow p \equiv 1, 5, 9, 13 \pmod{16} \Leftrightarrow p \equiv 1 \pmod{4}$$

$$p = x^2 + 7y^2 \Longleftrightarrow \left(\frac{-7}{p}\right) = 1 \Longleftrightarrow p \equiv 1, 9, 11, 15, 23, 25 \ (\mathrm{mod}\ 28) \Longleftrightarrow$$

$$p \equiv 1, 2, 4 \ (\mathrm{mod}\ 7), p \neq 7.$$

Übung 107. *a. Zeige:* $(x_1^2 + ny_1^2)(x_2^2 + ny_2^2) = (x_1 x_2 + n y_1 y_2)^2 + n(x_1 y_2 - x_2 y_1)^2$. *b. Ermittle alle $m > 0$, die durch $x^2 + 2y^2$ dargestellt werden.*

Hinweis: Argumentiere wie in Übung 97.

Übung 108. *Bestimme die kleinste positive Zahl, die durch die Form $4x^2 + 17xy + 20y^2$ dargestellt wird.*

Bemerkung. Es gilt $h(-4n) = 1 \Longleftrightarrow n \in \{1, 2, 3, 4, 7\}$, $h(-4n + 1) = 1 \Longleftrightarrow n \in \{1, 2, 3, 5, 7, 11, 17, 41\}$.

Übung 109. *Zeige die Bemerkung für $h(-4n) = 1$.*

Hinweis: Für $n \neq 1, 2, 3, 4, 7$ benötigen wir eine zweite reduzierte Form. Unterscheide die Fälle $n \neq p^k$, $n = 2^k$, $n = p^k$ $(p \geq 3)$.

Der erste Fall mit $h(-4n) > 1$ ist $n = 5$ mit den primitiven Formen $x^2 + 5y^2$ und $2x^2 + 2xy + 3y^2$. Wir wissen (siehe Übung 42)

$$\left(\frac{-5}{p}\right) = 1 \Longleftrightarrow p \equiv 1, 3, 7, 9 \ (\mathrm{mod}\ 20).$$

Außerdem stellen die beiden Formen verschiedene Kongruenzklassen dar (Übung 106). Die Frage ist: Welche Kongruenzen mod 20 gehören zu welcher Form? Dazu müssen wir die Kongruenzen näher studieren.

Wir betrachten die prime Restklassengruppe $\mathbb{Z}_{4n}^*$, und definieren die Abbildung $\chi : \mathbb{Z}_{4n}^* \to \{1, -1\}$ durch

$$\chi([m]) = \left(\frac{-4n}{m}\right),$$

wobei $(m, 4n) = 1$, $m > 0$, $[m]$ die durch m bestimmte Restklasse mod $4n$ ist und $\left(\frac{-4n}{m}\right)$ das Jacobi Symbol ist.

Satz 4.16. *Die Abbildung χ ist wohldefiniert und ein Homomorphismus $\chi : \mathbb{Z}_{4n}^* \to \{1, -1\}$. Außerdem gilt $\chi([4n - 1]) = -1$.*

Beweis. Sei $m_1 \equiv m_2 \pmod{4n}$, $(m_1, 4n) = (m_2, 4n) = 1$, $m_1 > 0$, $m_2 > 0$. Wir müssen zeigen

$$\left(\frac{-4n}{m_1}\right) = \left(\frac{-4n}{m_2}\right).$$

Es ist $\left(\frac{-4n}{m_1}\right) = \left(\frac{-n}{m_1}\right)$, $\left(\frac{-4n}{m_2}\right) = \left(\frac{-n}{m_2}\right)$. Wegen $m_1 \equiv m_2 \pmod{4}$ gilt $\left(\frac{-1}{m_1}\right) = \left(\frac{-1}{m_2}\right)$, also ist zu zeigen, dass $\left(\frac{n}{m_1}\right) = \left(\frac{n}{m_2}\right)$ gilt. Falls n ungerade ist, haben wir

$$\left(\frac{n}{m_1}\right) = \left(\frac{m_1}{n}\right)(-1)^{\frac{m_1-1}{2} \cdot \frac{n-1}{2}}, \quad \left(\frac{n}{m_2}\right) = \left(\frac{m_2}{n}\right)(-1)^{\frac{m_2-1}{2} \cdot \frac{n-1}{2}}.$$

Nun ist $\left(\frac{m_1}{n}\right) = \left(\frac{m_2}{n}\right)$ wegen $m_1 \equiv m_2 \pmod{n}$, $(-1)^{\frac{m_1-1}{2}} = (-1)^{\frac{m_2-1}{2}}$ wegen $m_1 \equiv m_2 \pmod{4}$, also $\left(\frac{n}{m_1}\right) = \left(\frac{n}{m_2}\right)$.

Falls $n = 2^k n'$ gerade ist, dann ist im Fall k gerade, $\left(\frac{n}{m_1}\right) = \left(\frac{n'}{m_1}\right)$, $\left(\frac{n}{m_2}\right) = \left(\frac{n'}{m_2}\right)$, n' ungerade, und es folgt $\left(\frac{n}{m_1}\right) = \left(\frac{n}{m_2}\right)$ wie eben. Falls k ungerade ist, $n = 2^{2\ell} 2n'$, n' ungerade, so haben wir

$$\left(\frac{n}{m_1}\right) = \left(\frac{2}{m_1}\right)\left(\frac{n'}{m_1}\right), \quad \left(\frac{n}{m_2}\right) = \left(\frac{2}{m_2}\right)\left(\frac{n'}{m_2}\right).$$

In diesem Fall ist $m_1 \equiv m_2 \pmod{8}$, also $\left(\frac{2}{m_1}\right) = (-1)^{\frac{m_1^2-1}{8}} = (-1)^{\frac{m_2^2-1}{8}} = \left(\frac{2}{m_2}\right)$, und die Behauptung folgt.

Dass χ Homomorphismus ist, ist wegen $\left(\frac{-4n}{m_1 m_2}\right) = \left(\frac{-4n}{m_1}\right)\left(\frac{-4n}{m_2}\right)$ klar. Schließlich haben wir wegen $-4n \equiv -1 \pmod{4n-1}$

$$\left(\frac{-4n}{4n-1}\right) = \left(\frac{-1}{4n-1}\right) = -1$$

wegen $4n - 1 \equiv 3 \pmod{4}$. $\qquad\square$

Sei $G = \text{Kern}\,\chi = \{[m] : \chi([m]) = 1\} \subseteq \mathbb{Z}_{4n}^*$. Nach dem Satz ist G Untergruppe vom Index 2, also $|G| = \frac{1}{2}\varphi(4n)$.

Hilfssatz 4.17. *Sei $f(x, y)$ primitive positiv definite Form mit $D_f = -4n$.*

1) *Es gibt $m > 0$ mit $(m, 4n) = 1$, das von $f(x, y)$ dargestellt wird.*

2) *Wird $m > 0$ mit $(m, 4n) = 1$ von $f(x, y)$ dargestellt, so ist $\chi([m]) = 1$.*

Beweis. 1) Sei $f(x,y) = ax^2 + bxy + cy^2$. Da $(a,b,c) = 1$ ist, folgt, dass jede Primzahl p mindestens eine der Zahlen a, c oder $a + b + c$ nicht teilt. Es sei $P = \{p \in \mathbb{P} : p \mid 4n\}$, und

$$P_1 = \{p \in P : p \nmid a + b + c\}$$
$$P_2 = \{p \in P : p \mid a + b + c, p \nmid a\}$$
$$P_3 = \{p \in P : p \mid a + b + c, p \mid a\}.$$

Nach dem Chinesischen Restsatz existieren $x, y \in \mathbb{Z}$ mit

$$x \equiv 1 \;(\mathrm{mod}\; p) \;(p \in P_1 \cup P_2), \quad x \equiv 0 \;(\mathrm{mod}\; p) \;(p \in P_3),$$
$$y \equiv 1 \;(\mathrm{mod}\; p) \;(p \in P_1 \cup P_3), \quad y \equiv 0 \;(\mathrm{mod}\; p) \;(p \in P_2).$$

Sei $m = f(x,y)$, dann behaupten wir $(m, 4n) = 1$. Für $p \in P_1$ ist $m \equiv a + b + c \not\equiv 0 \;(\mathrm{mod}\; p)$, für $p \in P_2$ ist $m \equiv a \not\equiv 0 \;(\mathrm{mod}\; p)$, und für $p \in P_3$ ist $m \equiv c \not\equiv 0 \;(\mathrm{mod}\; p)$, und daher $(m, 4n) = 1$ wie gewünscht.

2) Sei $m = f(x,y)$, $d = (x,y)$. Dann ist $m = d^2 m'$, und $m' = f(\frac{x}{d}, \frac{y}{d})$ wird primitiv dargestellt. Wir haben

$$\chi([m]) = \chi([d])^2 \chi([m']) = \chi([m']).$$

Nach Satz 4.12 ist $-4n$ quadratischer Rest mod m', und daher $\chi([m']) = (\frac{-4n}{m'}) = 1$. $\qquad\qquad\square$

Für eine gegebene primitive positiv definite Form $f(x,y)$ mit $D_f = -4n$ sei $C_f \subseteq \mathbb{Z}_{4n}^*$ die Menge aller Kongruenzklassen mod $4n$, die durch $f(x,y)$ dargestellt werden, das heißt

$$C_f = \{[m] \in \mathbb{Z}_{4n}^* : m \equiv f(x,y) \;(\mathrm{mod}\; 4n) \text{ für gewisse } x, y\}.$$

Nach dem Hilfssatz ist C_f nicht leer und ganz enthalten in der Gruppe $G \subseteq \mathbb{Z}_{4n}^*$. Der folgende Satz ist das Hauptergebnis.

Satz 4.18. *Wir betrachten alle primitiven positiv definiten Formen $f(x,y)$ mit $D_f = -4n$.*

    1)   *Für $f_0(x,y) = x^2 + ny^2$ ist $C_{f_0} = H$ eine Untergruppe von G.*

    2)   *Für eine beliebige Form $f(x,y)$ ist C_f eine Nebenklasse von H in G.*

Beweis. 1) Seien $[m_1], [m_2] \in C_{f_0}$, das heißt $m_1 \equiv x_1^2 + ny_1^2 \;(\mathrm{mod}\; 4n)$, $m_2 \equiv x_2^2 + ny_2^2 \;(\mathrm{mod}\; 4n)$. Dann ist (siehe Übung 107)

$$m_1 m_2 \equiv (x_1 x_2 + ny_1 y_2)^2 + n(x_1 y_2 - x_2 y_1)^2 \;(\mathrm{mod}\; 4n),$$

also

$$[m_1][m_2] = [m_1 m_2] \in C_{f_0}.$$

2) Sei $f(x,y) = ax^2 + bxy + cy^2$. Nach den Hilfssätzen 4.17 und 4.11 können wir $(a, 4n) = 1$ annehmen. Außerdem ist $b = 2b'$ gerade wegen $D_f = -4n = b^2 - 4ac$. Es folgt mit $n = ac - b'^2$,

$$\begin{aligned}
af(x,y) &= a^2 x^2 + 2ab'xy + acy^2 \\
&= (ax + b'y)^2 + (ac - b'^2)y^2 \\
&= (ax + b'y)^2 + ny^2.
\end{aligned}$$

Sei nun $[m] \in C_f$, dann ist für gewisse $x, y \in \mathbb{Z}$

$$am \equiv (ax + b'y)^2 + ny^2 \pmod{4n},$$

und somit $[m] \in [a^{-1}]H$.

Ist umgekehrt $[m] \in [a]^{-1}H$, das heißt $[am] \in H$, so gilt

$$am \equiv z^2 + ny^2 \pmod{4n} \quad \text{für gewisse } z, y \in \mathbb{Z}.$$

Wegen $[a] \neq 0$ in $\mathbb{Z}_{4n}^*$ ist die Kongruenz $z - b'y \equiv ax \pmod{4n}$ für ein x lösbar, und wir erhalten

$$\begin{aligned}
am &\equiv (ax + b'y)^2 + ny^2 \pmod{4n} \\
&\equiv af(x,y) \pmod{4n},
\end{aligned}$$

das heißt $m \equiv f(x,y) \pmod{4n}$, also $[m] \in C_f$. Insgesamt ist $C_f = [a^{-1}]H$, und der Beweis ist erbracht. $\qquad\square$

Definition. Primitive positiv definite Formen f und g mit Diskriminante $-4n$ sind im selben *Geschlecht*, falls sie mod $4n$ dieselben Kongruenzklassen in $\mathbb{Z}_{4n}^*$ darstellen. Insbesondere heißt $f_0 = x^2 + ny^2$ *Hauptform* und das Geschlecht, das f_0 enthält, *Hauptgeschlecht*.

Satz 4.18 sagt somit aus: Die Formen in einem Geschlecht stellen eine Nebenklasse von H in G dar. Da verschiedene Nebenklassen disjunkt sind, stellen Formen verschiedenen Geschlechts disjunkte Mengen von Kongruenzklassen dar.

Uns interessiert insbesondere das Hauptgeschlecht. Da $x^2 + ny^2 \equiv x^2 \pmod{4n}$ ist, wenn y gerade ist, und $x^2 + ny^2 \equiv x^2 + n \pmod{4n}$, falls y ungerade ist, haben wir das folgende Resultat.

Folgerung 4.19. *Sei $p \in \mathbb{P}$, $p \nmid n$. Dann wird p dargestellt durch eine Form im Hauptgeschlecht $\Leftrightarrow p \equiv r^2$ oder $p \equiv r^2 + n \pmod{4n}$.*

Beispiel. Nun können wir den Fall $n = 5$ erledigen. Es gibt zwei reduzierte Formen $x^2 + 5y^2$ und $2x^2 + 2xy + 3y^2$. Die Quadrate in $\mathbb{Z}_{20}^*$ sind $\{1, 9\}$. Da $1 + 5 = 6$ und $9 + 5 = 14$ nicht in $\mathbb{Z}_{20}^*$ sind, folgt aus $G = \{1, 3, 7, 9\}$,

$$p = x^2 + 5y^2 \Longleftrightarrow p \equiv 1, 9 \ (\mathrm{mod}\ 20)$$
$$p = 2x^2 + 2xy + 3y^2 \Longleftrightarrow p \equiv 3, 7 \ (\mathrm{mod}\ 20).$$

Für $n = 14$ haben wir $G = \{1, 3, 5, 9, 13, 15, 19, 23, 25, 27, 39, 45\}$, $H = \{1, 9, 25, 15, 23, 39\}$. Hier gibt es zwei Geschlechter mit je zwei Formen:

$$p = x^2 + 14y^2 \ \text{ oder } \ 2x^2 + 7y^2 \Longleftrightarrow p \equiv 1, 9, 15, 23, 25, 39 \ (\mathrm{mod}\ 56)$$
$$p = 3x^2 \pm 2xy + 5y^2 \Longleftrightarrow p \equiv 3, 5, 13, 19, 27, 45 \ (\mathrm{mod}\ 56).$$

Übung 110. *Sei $n = 6$. Betrachte die Abbildung $\chi : \mathbb{Z}_{24}^* \to \{1, -1\}$ und bestimme die Gruppen G und H. Diskutiere die positiv definiten Formen f mit $D_f = -24$ und die Darstellbarkeit von Primzahlen $p \neq 2, 3$.*

4.5 Quadratische Zahlringe

Kehren wir nochmals zur Summe von Quadraten zurück. Eine völlig neue Idee, das Problem $n = a^2 + b^2$ anzugreifen, wurde von Gauß vorgeschlagen. Wir schreiben

$$n = a^2 + b^2 = (a + bi)(a - bi)$$

als Produkt von *komplexen* Zahlen mit ganzzahligem Real– und Imaginärteil.

Definition. $\mathbb{Z}[i] = \{a + bi : a, b \in \mathbb{Z}\}$ heißt der *Ring der Gaußschen Zahlen*. $\mathbb{Z}$ ist der Unterring aller Zahlen in $\mathbb{Z}[i]$ mit Imaginärteil $b = 0$. $\mathbb{Q}(i) = \{a + bi : a, b \in \mathbb{Q}\}$ ist der *Körper der rationalen Gaußschen Zahlen*.

Geometrisch sind die Gaußschen Zahlen genau die Gitterpunkte in der Gaußschen Zahlenebene.

Wir führen wie schon gewohnt zu $\alpha = a + bi$, $a, b \in \mathbb{Q}$, die *konjugierte* Zahl $\overline{\alpha} = a - bi$ ein. Für $\alpha \in \mathbb{Z}[i]$ ist also $\overline{\alpha} \in \mathbb{Z}[i]$. Es gilt $\alpha = \overline{\alpha} \Longleftrightarrow \alpha \in \mathbb{Q}$, und

$$\overline{\alpha \pm \beta} = \overline{\alpha} \pm \overline{\beta}, \ \ \overline{\alpha\beta} = \overline{\alpha}\,\overline{\beta}, \ \ \overline{\left(\frac{\alpha}{\beta}\right)} = \frac{\overline{\alpha}}{\overline{\beta}}. \tag{1}$$

Definition. Sei $\alpha = a + bi \in \mathbb{Q}(i)$, dann heißt $\alpha\overline{\alpha} = a^2 + b^2$ die *Norm $N(\alpha)$* von α. Für $\alpha \in \mathbb{Z}[i]$ ist also $N(\alpha) \in \mathbb{N}$ und $N(\alpha) = 0 \Longleftrightarrow \alpha = 0$. Geometrisch ist $N(\alpha)$ der quadrierte Abstand von (a, b) zum Nullpunkt.

Nach (1) gilt

$$N(\alpha\beta) = N(\alpha)N(\beta), \quad N(\frac{\alpha}{\beta}) = \frac{N(\alpha)}{N(\beta)} \quad (\beta \neq 0).$$

Beachte, dass für $a \in \mathbb{Z}$ stets gilt: $N(a) = a^2$.

Das Zwei-Quadrate Problem $n = a^2 + b^2$ führt in $\mathbb{Z}[i]$ also zu einem *Faktorisierungsproblem* $n = (a + bi)(a - bi)$. Sei $p \in \mathbb{P}$, $p \equiv 1 \pmod 4$, dann wissen wir $p = a^2 + b^2$ in $\mathbb{Z}$. Dies bedeutet $p = (a + bi)(a - bi)$ in $\mathbb{Z}[i]$, also ist p nicht mehr unzerlegbar in $\mathbb{Z}[i]$. Die Faktorisierung in $\mathbb{Z}[i]$ ist demnach anders als in $\mathbb{Z}$. Und dies wollen wir jetzt allgemein studieren.

Sei R ein Integritätsbereich mit Einselement 1. Das heißt, R ist ein kommutativer Ring ohne Nullteiler. Gilt $\alpha = \beta\gamma$ in R, so heißen β und γ *Teiler* von α (und α Vielfaches von β und γ), und wir schreiben wie üblich $\beta\,|\,\alpha, \gamma\,|\,\alpha$.

Ein Element $\varepsilon \in R$ heißt *Einheit* in R, falls ε ein Teiler von 1 ist, also $1 = \varepsilon\varepsilon'$, oder was dasselbe ist, wenn ε ein Inverses hat. Die Einheiten bilden eine multiplikative Gruppe E.

Wir sagen, zwei Elemente $\alpha, \beta \in R$ sind *assoziiert*, $\alpha \approx \beta$, falls $\alpha = \varepsilon\beta$ für ein $\varepsilon \in E$ ist. Die Relation $\approx$ ist eine Äquivalenzrelation.

Beispiel. In $\mathbb{Z}$ sind die Einheiten 1 und -1. Jedes Element $n \neq 0$ hat genau ein assoziiertes Element, nämlich $-n$.

Übung 111. *Zeige: Die Einheiten in $\mathbb{Z}[i]$ sind $1, -1, i, -i$.*

Nun kommen wir zu den entscheidenden Begriffen.

Definition. Ein Element $\pi \in R$ heißt *irreduzibel* (oder *unzerlegbar*), falls $\pi \notin E$ ist und $\pi = \alpha\beta$ impliziert $\alpha \in E$ oder $\beta \in E$. Mit anderen Worten: π kann nicht weiter in Nicht-Einheiten zerlegt werden. R heißt ZPE-*Ring* (eindeutige Primzerlegung), falls jedes Element $\alpha \in R \setminus E$ eindeutig (bis auf Reihenfolge und Assoziierte) in irreduzible Elemente zerlegt werden kann:

$$\alpha = \pi_1 \pi_2 \cdots \pi_t.$$

Übung 112. *Sei R Integritätsbereich. Zeige: a. $\alpha \approx \beta \Longleftrightarrow \alpha\,|\,\beta$ und $\beta\,|\,\alpha$, b. Gilt $\pi \approx \sigma$, so ist π genau dann irreduzibel, wenn σ irreduzibel ist.*

In $\mathbb{Z}$ sind die irreduziblen Elemente die Primzahlen $p \in \mathbb{P}$ (und ihre Assoziierten $-p$). Der Hauptsatz der Arithmetik besagt genau, dass $\mathbb{Z}$ ZPE-Ring ist. Die Primzahlen p (und die Assoziierten $-p$) sind in $\mathbb{Z}$ durch eine weitere Eigenschaft charakterisiert:

$$p \mid ab \Longrightarrow p \mid a \ \text{ oder } \ p \mid b .$$

Dies führt zur allgemeinen

Definition.   Ein Element $\pi \in R \setminus E$ heißt *Primelement* (oder kurz *prim*), falls $\pi \mid \alpha\beta$ stets $\pi \mid \alpha$ oder $\pi \mid \beta$ impliziert.

In $\mathbb{Z}$ bedeutet also irreduzibel und Primelement dasselbe. In beliebigen Ringen gilt dies nicht mehr, wie wir sehen werden. Aber wir haben die folgende Aussage.

Übung 113.   *Sei R Integritätsbereich. Zeige: a. Ein Primelement ist stets irreduzibel. b. In ZPE-Ringen gilt die Umkehrung: Ein irreduzibles Element ist auch prim.*

Wir werden sehen, dass der Ring der Gaußschen Zahlen $\mathbb{Z}[i]$ ein ZPE-Ring ist. Unter dieser Annahme können wir einen neuen Beweis des Zwei-Quadrate Satzes 4.3 ableiten: $p = a^2 + b^2$ für $p \equiv 1 \ (\mathrm{mod}\ 4)$.

Sei $p \equiv 1 \ (\mathrm{mod}\ 4)$ und $s^2 \equiv -1 \ (\mathrm{mod}\ p)$, also $p \mid s^2 + 1 = (s+i)(s-i)$ in $\mathbb{Z}[i]$. Wäre p unzerlegbar in $\mathbb{Z}[i]$, so wäre nach Übung 113 $p \mid s+i$ oder $p \mid s-i$, das heißt $s \pm i = p(c+di)$, also $\pm 1 = pd$, was nicht geht. Also ist p zerlegbar in $\mathbb{Z}[i]$, $p = (a+bi)(c+di)$. Für die Normen heißt dies

$$N(p) = p^2 = (a^2 + b^2)(c^2 + d^2) .$$

Nun sind wir aber im ZPE-Ring $\mathbb{Z}$ und schließen $p = a^2 + b^2$.

Übung 114.   *Zeige: a. Sei $\alpha \in \mathbb{Z}[i]$. Wenn $N(\alpha) \in \mathbb{P}$ ist, dann ist α unzerlegbar in $\mathbb{Z}[i]$. b. Folgere daraus, dass $p \equiv 1 \ (\mathrm{mod}\ 4)$ bis auf Vertauschung und $\pm$ nur auf eine Weise als Summe von zwei Quadraten dargestellt werden kann.*

Hinweis: Sei $p = a^2 + b^2 = c^2 + d^2$, was bedeutet dies für $\alpha = a + ib$, $\beta = c + di$?

Wir haben eben gesehen, dass eine Primzahl $p \equiv 1 \ (\mathrm{mod}\ 4)$ nicht prim bleibt in $\mathbb{Z}[i]$. Wie sieht es mit den anderen Primzahlen aus?

Übung 115.   *Zeige: a. 2 ist zerlegbar in $\mathbb{Z}[i]$, b. $p \equiv 3 \ (\mathrm{mod}\ 4)$ bleibt unzerlegbar.*

Nun betrachten wir eine besonders interessante Klasse von Zahlringen.

Definition. Die komplexe Zahl α heißt *algebraisch*, falls α Nullstelle eines Polynoms $f(x) = a_0 + a_1 x + \cdots + a_m x^m \in \mathbb{Q}[x]$ ist. Der kleinste Grad m eines solchen Polynoms heißt der *Grad* von α. Ist α nicht algebraisch, so heißt α *transzendent*.

Durch Multiplikation mit dem gemeinsamen Nenner der a_i können wir annehmen, dass $f(x) \in \mathbb{Z}[x]$ ein ganzzahliges Polynom ist.

Definition. $\alpha \in \mathbb{C}$ heißt *ganze algebraische Zahl*, falls α Nullstelle eines Polynoms $f(x) = a_0 + a_1 x + \cdots + x^m \in \mathbb{Z}[x]$ mit höchstem Koeffizienten 1 ist.

Beispiel. Die algebraischen Zahlen α vom Grad 1 sind die Nullstellen von Polynomen $f(x) = a_0 + a_1 x \in \mathbb{Z}[x]$, also $a_0 + a_1 \alpha = 0$, und wir erhalten genau $\mathbb{Q}$. Die ganzen algebraischen Zahlen α vom Grad 1 erfüllen $a_0 + \alpha = 0$, und wir erhalten genau $\mathbb{Z}$.

Der erste interessante Fall sind also die algebraischen Zahlen vom Grad 2. Betrachten wir $a_0 + a_1 x + a_2 x^2 = 0$. Dann gilt

$$\alpha = \frac{-a_1 \pm \sqrt{a_1^2 - 4a_0 a_2}}{2a_2}.$$

Diese Zahlen sind demnach von der Gestalt

$$\alpha = a + b\sqrt{d} \quad (a, b \in \mathbb{Q}, \ d \in \mathbb{Z}),$$

wobei wir d als quadratfrei annehmen können.

Wie schon gewohnt nennen wir $\overline{\alpha} = a - b\sqrt{d}$ das *konjugierte* Element, und $N(\alpha) = \alpha\overline{\alpha} = a^2 - b^2 d$ die *Norm* von α.

Wir nennen alle Zahlen $\alpha = a + b\sqrt{d}$ *quadratische algebraische Zahlen* und setzen $\mathbb{Q}(\sqrt{d}) = \{a + b\sqrt{d} : a, b \in \mathbb{Q}\}$. Im Fall $d = -1$ erhalten wir die rationalen Gaußschen Zahlen.

Es sei d gegeben. Welche quadratischen Zahlen $\alpha \in \mathbb{Q}(\sqrt{d})$ sind *ganze* algebraische Zahlen? Mit anderen Worten: Für welche $\alpha = a + b\sqrt{d}$, $a, b \in \mathbb{Q}$, gibt es ein *ganzzahliges* Polynom $f(x) = a_0 + a_1 x + x^2$ mit $f(\alpha) = 0$. Die Menge der ganzen algebraischen Zahlen in $\mathbb{Q}(\sqrt{d})$ wollen wir mit $\mathbb{Z}[\sqrt{d}]$ bezeichnen.

Satz 4.20. *Für $d \in \mathbb{Z}$, d quadratfrei, ist*

$$\mathbb{Z}[\sqrt{d}] = \left\{ a + b\sqrt{d} : a, b \in \mathbb{Z} \right\} \qquad \textit{falls } d \equiv 2, 3 \ (\mathrm{mod}\ 4)$$

$$\mathbb{Z}[\sqrt{d}] = \left\{ \frac{a + b\sqrt{d}}{2} : a, b \in \mathbb{Z},\ a \equiv b \ (\mathrm{mod}\ 2) \right\} \qquad \textit{falls } d \equiv 1 \ (\mathrm{mod}\ 4).$$

Im zweiten Fall sind also a, b beide gerade oder ungerade. Für $d \equiv 1 \pmod 4$ verwendet man auch folgende Darstellung. Sei $\omega = \frac{1+\sqrt{d}}{2}$, dann ist $\frac{a+b\sqrt{d}}{2} = \frac{a-b}{2} + b\omega$, also $\mathbb{Z}[\sqrt{d}] = \{a + b\omega : a, b \in \mathbb{Z}\}$.

Zum Beispiel ist für $d = 5$ der goldene Schnitt $\frac{1+\sqrt{5}}{2}$ in $\mathbb{Z}[\sqrt{5}]$, da τ Nullstelle von $x^2 - x - 1$ ist.

Übung 116. *Zeige zunächst, dass $\mathbb{Z}[\sqrt{d}]$ ein Ring ist (d.h. abgeschlossen bezüglich der Multiplikation) und beweise dann den Satz. $\mathbb{Z}[\sqrt{d}]$ ist als Unterring von $\mathbb{C}$ natürlich Integritätsbereich.*

Hinweis: Setze $\alpha = a + b\sqrt{d} \in \mathbb{Q}(\sqrt{d})$ und mache die Fallunterscheidung $b = 0$ bzw. $b \neq 0$.

Wir wollen nun $\mathbb{Z}[\sqrt{d}]$ allgemein studieren und insbesondere die Frage untersuchen, wann in $\mathbb{Z}[\sqrt{d}]$ die ZPE-Eigenschaft gilt. Für $d > 0$ heißen die Ringe $\mathbb{Z}[\sqrt{d}]$ *reell quadratische* Zahlringe, für $d < 0$ *komplex quadratisch*. Die beiden Fälle weisen wesentliche Unterschiede auf.

Norm. Für $d \equiv 2, 3 \pmod 4$ sei $\alpha = a + b\sqrt{d}, \overline{\alpha} = a - b\sqrt{d}$ das konjugierte Element. Analog für $d \equiv 1 \pmod 4$, $\alpha = \frac{a+b\sqrt{d}}{2}, \overline{\alpha} = \frac{a-b\sqrt{d}}{2}$ bzw. mit $\alpha = a + b\omega, \overline{\alpha} = a + b\overline{\omega}$, $\overline{\omega} = \frac{1-\sqrt{d}}{2}$.

Die *Norm* ist $N(\alpha) = \alpha\overline{\alpha}$. Sei $\alpha = a + b\sqrt{d}$ bzw. $\alpha = \frac{a+b\sqrt{d}}{2}$:

$$d \equiv 2, 3 \pmod 4 : N(\alpha) = a^2 - db^2 \in \mathbb{Z},$$

$$d \equiv 1 \pmod 4 : N(\alpha) = \frac{a^2 - db^2}{4} \in \mathbb{Z} \text{ (da } a \equiv b \pmod 2)$$

$$\text{oder mit } \alpha = a + b\omega, N(\alpha) = a^2 + ab + b^2\frac{1-d}{4}.$$

Es gilt stets $N(\alpha\beta) = N(\alpha)N(\beta)$. Ferner $N(\alpha) = 0 \iff \alpha = 0$ (da d quadratfrei). Für $d < 0$ ist $N(\alpha) \geq 0$.

Einheiten. Sei $E \subseteq \mathbb{Z}[\sqrt{d}]$ die Einheitengruppe. Dann ist

$$\alpha \in E \iff N(\alpha) = \pm 1.$$

Ist $\alpha\beta = 1$, so folgt $N(\alpha)N(\beta) = 1$, also $N(\alpha) = \pm 1$. Ist umgekehrt $\alpha\overline{\alpha} = N(\alpha) = \pm 1$, so gilt $\alpha \mid 1$.

Satz 4.21. *Für $d < 0$ ist die Einheitengruppe $E \subseteq \mathbb{Z}[\sqrt{d}]$:*

$$d = -1 : E = \{1, -1, i, -i\}, i = \sqrt{-1},$$

$$d = -3 : E = \{\pm 1, \frac{\pm 1 \pm \sqrt{-3}}{2}\} \text{ oder mit } \omega = \frac{1 + \sqrt{-3}}{2},$$

$$E = \{\pm 1, \pm \omega, \pm \omega^2\} = \{\omega, \omega^2, \omega^3, \omega^4, \omega^5, \omega^6 = 1\},$$

$$d \neq -1, -3 : E = \{1, -1\}.$$

Übung 117. *Beweise den Satz.*

Übung 118. *Bestimme alle $s, d \in \mathbb{Z}$, so dass $\frac{1 + s\sqrt{d}}{1 - s\sqrt{d}}$ Einheit in $\mathbb{Z}[\sqrt{d}]$ ist.*
Hinweis: Unterscheide $d \equiv 2, 3$ und $d \equiv 1 \pmod 4$.

Im reellen Fall $d > 0$ erhalten wir die Gleichungen

$$a^2 - db^2 = \pm 1 \quad d \equiv 2, 3 \pmod 4$$
$$a^2 - db^2 = \pm 4 \quad d \equiv 1 \pmod 4,$$

und dies ist für $d \equiv 2, 3 \pmod 4$ unsere wohlbekannte Pellsche Gleichung. Insbesondere ist hier die Einheitengruppe unendlich, wie wir in Kapitel 3 gesehen haben. Dies gilt auch im Fall $d \equiv 1 \pmod 4$. Zum Beispiel ist $N(\frac{1 + \sqrt{5}}{2}) = -1$, also τ Einheit in $\mathbb{Z}[\sqrt{5}]$, und wir erhalten unendlich viele Einheiten $\tau, \tau^2, \tau^3, \tau^4, \ldots$

Nun wenden wir uns endgültig der Frage zu, welche Ringe $\mathbb{Z}[\sqrt{d}]$ ZPE-Ringe sind. Den Weg weist wieder einmal der Euklidische Algorithmus, der die folgende Definition inspiriert.

Definition. Ein kommutativer Rang R mit 1 heißt *Euklidisch*, falls eine sogenannte *Gradfunktion* $g : R \setminus \{0\} \to \mathbb{N}$ existiert, so dass folgendes für alle $a, b \in R$, $b \neq 0$, gilt: Es existiert ein $q \in R$ mit

$$a = qb + r \quad \text{so dass entweder} \quad r = 0 \quad \text{ist oder} \quad g(r) < g(b) \quad \text{gilt.} \tag{1}$$

Das Standardbeispiel ist natürlich $\mathbb{Z}$ mit $g(n) = |n|$; hier reduziert (1) genau zur Division mit Rest. Ein weiteres wichtiges Beispiel ist der Polynomring $K[x]$ über einem Körper K. Hier ist die Gradfunktion gerade der Grad des Polynoms (Polynomdivision).

Wir kommen zu einem wichtigen Resultat: Jeder Euklidische Ring ist ZPE-Ring. Das sieht man am besten in zwei Schritten.

Satz 4.22.   *Jeder Euklidische Ring ist Hauptidealring.*

Satz 4.23.   *Jeder Hauptidealring ist ZPE-Ring.*

Zur Erinnerung: Ein *Ideal* $I \subseteq R$ ist eine Untermenge, die mit $a, b \in I$ auch $a \pm b \in I$ enthält, und mit $a \in I$, $r \in R$ auch $ra \in I$. Das von einem Element b erzeugte Ideal $\langle b \rangle = \{ rb : r \in R \}$ heißt *Hauptideal*. R heißt *Hauptidealring*, wenn jedes Ideal Hauptideal ist.

Beweis von Satz 4.22. Sei $I \neq \{0\}$ und $b \in I$ mit $g(b) = \min_{a \in I, a \neq 0} g(a)$. Nach (1) können wir a in der Form $a = qb + r$ schreiben, mit $r = 0$ oder $g(r) < g(b)$. Da $r = a - qb \in I$ ist und $g(r) < g(b)$ wegen der Minimalität von b ausgeschlossen ist, folgt $r = 0$, also $a = qb$, das heißt $a \in \langle b \rangle$. $\square$

Die wesentliche Eigenschaft von Hauptidealringen ist, dass es einen größten gemeinsamen Teiler gibt:

$$d = \mathrm{ggT}(a, b) \iff d\,|\,a,\ d\,|\,b \ \text{ und } \ d'\,|\,a, d'\,|\,b \implies d'\,|\,d.$$

Sei nämlich I das Ideal $\langle a, b \rangle = \{ ra + sb : r, s \in R \}$, so gilt $I = \langle d \rangle$ für ein d, und dies ist unser gesuchter $\mathrm{ggT}(a, b)$. Da $a, b \in I$ sind, gilt $d\,|\,a$, $d\,|\,b$, und wenn $d'\,|\,a$, $d'\,|\,b$ gilt, so teilt d' jedes Element der Form $ra + sb$, also auch d. Der größte gemeinsame Teiler ist bis auf Assoziierte eindeutig.

Folgerung 4.24.   *Sei R Hauptidealring, und p irreduzibel. Dann gilt:*

$$p\,|\,ab \implies p\,|\,a \ \text{ oder } \ p\,|\,b. \tag{2}$$

Mit anderen Worten: Ein Element p ist genau dann irreduzibel, wenn es prim ist.

Beweis. Angenommen $p \nmid a$, dann ist $1 = \mathrm{ggT}(p, a)$, also $1 = rp + sa$. Multiplikation mit b ergibt $b = rbp + sab$. Da nun p die rechte Seite teilt, gilt auch $p\,|\,b$. $\square$

Nun schließen wir unsere Kette von Implikationen ab.

Beweis von Satz 4.23. Die *Existenz* einer Zerlegung $a = p_1 p_2 \cdots p_t$ folgt allgemein aus dem Zornschen Lemma. Für Euklidische Ringe mit der Eigenschaft: $b\,|\,a, b \neq a \implies g(b) < g(a)$ folgt dies sofort mit Induktion. Zum Beispiel gilt dies für die Ringe $\mathbb{Z}[\sqrt{d}]$, $d < 0$, mit $g(\alpha) = N(\alpha)$, da $\alpha = \beta\gamma$ impliziert $N(\alpha) = N(\beta)N(\gamma)$.

Die *Eindeutigkeit* der Zerlegung sehen wir aus (2). Gilt

$$p_1 p_2 \cdots p_s = p'_1 p'_2 \cdots p'_t$$

so folgt aus $p_1 | p'_1 \cdots p'_t$, dass $p_1 | p'_i$ für ein i ist. Da p_1, p'_i irreduzibel sind, ist $p_1 \approx p'_i$, und wir können p_1, p'_i herauskürzen. Nun fahren wir so fort. $\square$

Nun studieren wir mit den neuen Erkenntnissen die Ringe $\mathbb{Z}[\sqrt{d}]$. Wir betrachten als erstes Beispiel die Gaußschen Zahlen $\mathbb{Z}[i]$.

Satz 4.25. *$\mathbb{Z}[i]$ ist Euklidischer Ring und damit auch ZPE–Ring mit der Norm $N(\alpha)$ als Gradfunktion.*

Beweis. Zunächst haben wir für $\alpha = a + bi \neq 0$, $N(\alpha) = a^2 + b^2 \in \mathbb{N}$. Seien nun $\alpha, \beta \neq 0$ gegeben. Gesucht sind γ und ρ mit

$$\alpha = \gamma\beta + \rho \quad \text{und} \quad N(\rho) < N(\beta),$$

oder äquivalent

$$N(\frac{\alpha}{\beta} - \gamma) = N(\frac{\rho}{\beta}) < 1, \quad \frac{\alpha}{\beta} \in \mathbb{Q}[i].$$

Geometrisch heißt dies: Wir suchen zum Punkt $\frac{\alpha}{\beta}$ der Gaußschen Zahlenebene einen *Gitterpunkt* γ, dessen Abstand von $\frac{\alpha}{\beta}$ kleiner als 1 ist. Der schlechteste Fall tritt offenbar ein, wenn $\frac{\alpha}{\beta}$ genau in der Mitte eines Gitterquadrates liegt. Dann ist aber der Abstand $= \frac{1}{\sqrt{2}}$, also gibt es γ mit $N(\frac{\alpha}{\beta} - \gamma) \leq (\frac{1}{\sqrt{2}})^2 = \frac{1}{2} < 1$.

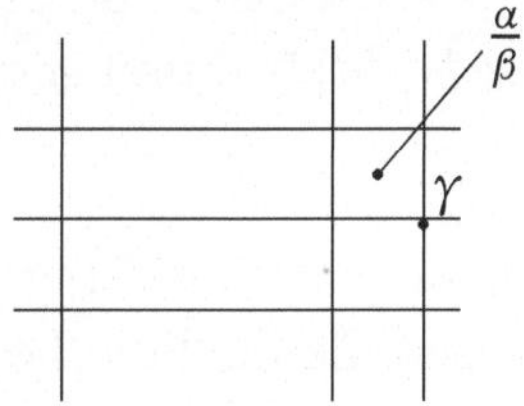

$\square$

Beispiel. Sei $\alpha = 3 + 2i$, $\beta = 4 - i$. Wir haben

$$\frac{\alpha}{\beta} = \frac{(3 + 2i)(4 + i)}{17} = \frac{10 + 11i}{17}.$$

Wählen wir z. B. $\gamma = 1 + i$, so erhalten wir $\frac{\alpha}{\beta} - \gamma = \frac{-7-6i}{17}$, $N(\frac{\alpha}{\beta} - \gamma) = \frac{85}{289} = \frac{5}{17} < 1$ mit der Zerlegung $\alpha = \gamma\beta + \rho$

$$3 + 2i = (1 + i)(4 - i) + (-2 - i), \quad N(\rho) = 5 < 17 = N(\beta).$$

Nun sehen wir uns allgemein die Ringe $\mathbb{Z}[\sqrt{d})$ für $d < 0$ an.

Problem. Welche Ringe $\mathbb{Z}[\sqrt{d}]$, $d < 0$ quadratfrei, sind ZPE-Ringe?

Satz 4.26. *Sei $d < -2$, $d \not\equiv 1 \pmod 4$. Dann ist $\mathbb{Z}[\sqrt{d}]$ kein ZPE-Ring.*

Beweis. Wir haben $N(a + b\sqrt{d}) = a^2 + |d|b^2$. Sei p Primzahl mit $p < \sqrt{|d|}$, also $N(p) = p^2 < |d|$. Dann ist p irreduzibel in $\mathbb{Z}[\sqrt{d}]$. Wäre nämlich $\alpha = a + b\sqrt{d}$ ein echter Teiler von p, so folgt $a^2 + |d|b^2 \mid p^2$, somit $b = 0$ und daher $\alpha = \pm p$.

Fall 1. $-d \notin \mathbb{P}$.

Da $-d$ quadratfrei ist, gilt $-d = pd_1$ mit einer Primzahl $p < \sqrt{|d|}$, also ist p irreduzibel in $\mathbb{Z}[\sqrt{d}]$. Nun ist in $\mathbb{Z}[\sqrt{d}]$

$$\sqrt{d}\sqrt{d} = d = -pd_1 .$$

Falls $\mathbb{Z}[\sqrt{d}]$ ZPE-Ring ist, so folgt $p \mid \sqrt{d}$, $\sqrt{d} = p(a + b\sqrt{d})$, also $p \mid 1$, Widerspruch.

Fall 2. $-d \in \mathbb{P}$.

Dann ist $1 - d \notin \mathbb{P}$ wegen $-d \neq 2$. Wir haben in $\mathbb{Z}[\sqrt{d}]$

$$(1 + \sqrt{d})(1 - \sqrt{d}) = 1 - d = 1 + |d|.$$

Für den kleinsten Primteiler p von $1 + |d|$ gilt $N(p) = p^2 \leq 1 + |d|$. Ist $p^2 < |d|$, so schließen wir wie in Fall 1. Da d quadratfrei ist, ist $p^2 \neq |d|$, also bleibt als letzte Möglichkeit $p^2 = 1 + |d|$. Da nach Voraussetzung $d < -3$ ist (wegen $d \not\equiv 1 \pmod 4$), also $|d| \geq 5$, so ist $1 + |d| \geq 6$ und gerade (da $|d| \in \mathbb{P}$), also $p^2 \neq 1 + |d|$, Widerspruch. $\qquad\square$

Wie beweist man nun umgekehrt, dass ein Ring $\mathbb{Z}[\sqrt{d}]$ ZPE-Ring ist? Dazu sehen wir uns die Norm an, und weisen die Euklidische Bedingung nach.

Satz 4.27. *Sei $d < 0$. Die Normfunktion $N : \mathbb{Z}[\sqrt{d}] \to \mathbb{N}$ ist eine Euklidische Gradfunktion genau für $d = -1, -2, -3, -7, -11$. Somit sind $\mathbb{Z}[\sqrt{-1}] = \mathbb{Z}[i]$, $\mathbb{Z}[\sqrt{-2}]$, $\mathbb{Z}[\sqrt{-3}]$, $\mathbb{Z}[\sqrt{-7}]$, $\mathbb{Z}[\sqrt{-11}]$ ZPE-Ringe.*

Beweis. Fall 1. $d \equiv 2, 3 \pmod 4$.

Aus dem vorigen Satz wissen wir, dass höchstens $d = -1$ und $d = -2$ in Frage kommen. Für $\alpha, \beta \neq 0$ müssen wir wie zuvor γ, ρ finden mit $\alpha = \gamma\beta + \rho$ und $\rho = 0$ oder $N(\rho) < N(\beta)$, oder äquivalent: $N(\frac{\alpha}{\beta} - \gamma) < 1$. Das heißt: Sei $\kappa \in \mathbb{Q}(\sqrt{d})$, dann ist $\gamma \in \mathbb{Z}[\sqrt{d}]$ gesucht mit

$$N(\kappa - \gamma) < 1 .$$

Sei $\kappa = r + s\sqrt{d}$, $r, s \in \mathbb{Q}$, dann wählen wir $a, b \in \mathbb{Z}$ mit $|r - a| \leq \frac{1}{2}$, $|s - b| \leq \frac{1}{2}$, und setzen $\gamma = a + b\sqrt{d}$. Dann ist

$$N(\kappa - \gamma) = (r - a)^2 - d(s - b)^2 \leq \frac{1}{4} + |d|\frac{1}{4}$$

und dies ist < 1 für $|d| \leq 2$.

Fall 2. $d \equiv 1 \pmod 4$.

Wir haben $\kappa = r + s\sqrt{d}$, $r, s \in \mathbb{Q}$; gesucht ist $\gamma = a + b\frac{1+\sqrt{d}}{2} = (a + \frac{b}{2}) + \frac{b\sqrt{d}}{2} \in \mathbb{Z}[\sqrt{d}]$ mit $N(\kappa - \gamma) < 1$. Nun ist

$$N(\kappa - \gamma) = \left((r - \frac{b}{2}) - a \right)^2 + |d|\left(s - \frac{b}{2} \right)^2 .$$

Wähle $b \in \mathbb{Z}$ mit $\left| s - \frac{b}{2} \right| \leq \frac{1}{4}$, und zu b wähle $a \in \mathbb{Z}$ mit $\left| (r - \frac{b}{2}) - a \right| \leq \frac{1}{2}$. Dann gilt

$$N(\kappa - \gamma) \leq \frac{1}{4} + |d|\frac{1}{16} ,$$

und dies ist < 1 für $|d| < 12$, also für $d = -3, -7, -11$.

Sei umgekehrt $|d| \geq 15$. Wir betrachten $\kappa = \frac{1}{4} + \frac{1}{4}\sqrt{d}$. Falls $b \neq 0, 1$ ist, dann ist $(\frac{1}{4} - \frac{b}{2})^2 \geq \frac{9}{16}$, also $|d|(\frac{1}{4} - \frac{b}{2})^2 > 1$. Für $b \in \{0, 1\}$ ist $|d|(\frac{1}{4} - \frac{b}{2})^2 = \frac{|d|}{16} \geq \frac{15}{16}$, und $\frac{1}{4} - \frac{b}{2} \in \{\frac{1}{4}, -\frac{1}{4}\}$, also $(\frac{1}{4} - \frac{b}{2} - a)^2 \geq \frac{1}{16}$, somit insgesamt $N(\kappa - \gamma) \geq 1$. Für $|d| \geq 15$ ist daher die Norm keine Euklidische Gradfunktion. $\qquad\square$

Somit ist $\mathbb{Z}[\sqrt{d}]$ für $d \in \{-1, -2, -3, -7, -11\}$ ZPE-Ring. Nach Satz 4.26 sind weitere ZPE-Ringe mit $d < 0$ nur für $d \equiv 1 \pmod 4$ möglich. Ein berühmtes Theorem von Heegner-Stark besagt: Für $d < 0$ ist $\mathbb{Z}[\sqrt{d}]$ ZPE-Ring genau für $d \in \{-1, -2, -3, -7, -11, -19, -43, -67, -163\}$. Alle diese Ringe sind auch Hauptidealringe, und Euklidische Ringe sind genau die in Satz 4.27 angeführten.

Für $d > 0$ ist der ZPE-Fall offen. Es wird vermutet, dass es unendlich viele gibt. Wir geben noch zwei Beispiele.

Satz 4.28. $\mathbb{Z}[\sqrt{2}]$ *und* $\mathbb{Z}[\sqrt{3}]$ *sind Euklidisch und damit ZPE-Ringe.*

Beweis. Wir verwenden als Gradfunktion für $a + b\sqrt{d}$, $\left| N(\alpha) \right| = \left| a^2 - db^2 \right|$. Sei $\kappa = r + s\sqrt{d} \in \mathbb{Q}[\sqrt{d}]$, $\gamma = a + b\sqrt{d} \in \mathbb{Z}[\sqrt{d}]$, wobei $|r - a| \leq \frac{1}{2}$, $|s - b| \leq \frac{1}{2}$. Dann gilt $\left| N(\kappa - \gamma) \right| = \left| (r - a)^2 - d(s - b)^2 \right| \leq \max\left((r - a)^2, d(s - b)^2 \right) \leq \frac{d}{4} < 1$ für $d = 2, 3$. $\qquad\square$

Bemerkung. Es sind alle *Norm-Euklidischen Ringe* $\mathbb{Z}[\sqrt{d}]$ mit $d > 0$ bekannt.

Übung 119. *Zeige: a.* $\mathbb{Z}[\sqrt{-5}]$ *ist kein ZPE-Ring, b.* $\mathbb{Z}[\sqrt{-26}]$ *ist kein ZPE-Ring.*

Hinweis: a. Finde zwei Zerlegungen von 6. b. 3 ist irreduzibel, aber es gibt zwei Elemente α, β mit $3 \mid \alpha\beta$ aber $3 \nmid \alpha$, $3 \nmid \beta$.

Übung 120.   *Warum ist $2 \cdot 11 = (5 + \sqrt{3})(5 - \sqrt{3})$ kein Widerspruch zur ZPE-Eigenschaft von $\mathbb{Z}[\sqrt{3}]$?*

Übung 121.   *Zeige: Die irreduziblen Elemente in $\mathbb{Z}[i]$ sind bis auf Assoziierte: a. $1 + i$, b. $p \in \mathbb{P}$, $p \equiv 3 \ (\mathrm{mod}\ 4)$, c. $\alpha = a + bi$ mit $N(\alpha) = a^2 + b^2 = p \in \mathbb{P}$.*

Hinweis: Unterscheide für irreduzibles $\alpha = a + bi$ die Fälle $a = 0$, $b = 0$, $a, b \neq 0$.

Übung 122.   *Sei $\mathbb{Z}[i]$ gegeben mit den irreduziblen Elementen π wie in Übung 121. Zeige, dass ein vollständiges Restsystem $\mathrm{mod}\ \pi$ gegeben ist durch: a. $\{0, 1\}$, b. $\{k + \ell i : 0 \leq k < p, 0 \leq \ell < p\}$, c. $\{k : 0 \leq l < p\}$.*

4.6   Das Polynom von Euler zur Primzahlerzeugung

Wir erinnern uns an das Eulersche Polynom $f(x) = x^2 + x + 41$, das für die Werte $f(0), f(1), \ldots, f(39)$ Primzahlen ergibt (Abschnitt 2.7). Die Frage war: Gibt es noch größere Primzahlen q, so dass mit $f(x) = x^2 + x + q$ alle Werte

$$f(0), f(1), \ldots, f(q - 2)$$

Primzahlen sind? Zur Beantwortung dieser Frage verwenden wir unsere Kenntnisse über die Ringe $\mathbb{Z}[\sqrt{d}]$.

Problem.   Welche Primzahlen $p \in \mathbb{P}$ bleiben auch in $\mathbb{Z}[\sqrt{d}]$ unzerlegbar?

Angenommen $\mathbb{Z}[\sqrt{d}]$ ist ZPE–Ring, dann gibt es für $p \in \mathbb{P}$ eine (bis auf Assoziierte) eindeutige Zerlegung

$$p = \pi_1 \pi_2 \cdots \pi_t$$

also

$$p^2 = N(p) = N(\pi_1) N(\pi_2) \cdots N(\pi_t). \tag{1}$$

Aufgrund von (1) bleiben nur die Fälle $t = 1$ oder $t = 2$, wobei wir im zweiten Fall $N(\pi_1) = N(\pi_2) = \pm p$ haben. Somit ergeben sich drei Möglichkeiten:

$t = 1$	p irreduzibel	(p heißt *träge*)
$t = 2$	$p = \pi_1 \pi_2,\ \pi_1 \not\sim \pi_2$	(p heißt *zerlegt*)
$t = 2$	$p = \varepsilon \pi^2, \varepsilon \in E$	(p heißt *verzweigt*).

Beispiel.   Für $\mathbb{Z}[i]$ wissen wir (siehe Übung 115):

$p \equiv 3 \ (\mathrm{mod}\ 4)$		(träge)
$p \equiv 1 \ (\mathrm{mod}\ 4):$	$p = (a + bi)(a - bi)$	(zerlegt)
$p = 2$	$2 = (-i)(1 + i)^2$	(verzweigt).

Die folgenden Überlegungen gelten für alle Ringe $\mathbb{Z}[\sqrt{d}]$, dazu benötigt man die Theorie der Primideale von Dedekind. Wir beschränken uns auf den ZPE-Fall. Es gilt der folgende Satz, der wiederum quadratische Reste verwendet.

Satz 4.29. *Sei $\mathbb{Z}[\sqrt{d}]$ ZPE-Ring, d quadratfrei, $p \in \mathbb{P}$. Dann gilt:*

$$2 \text{ träge} \iff d \equiv 5 \pmod 8$$
$$2 \text{ zerlegt} \iff d \equiv 1 \pmod 8 \tag{2}$$
$$2 \text{ verzweigt} \iff d \equiv 2, 3 \pmod 4$$

und für eine ungerade Primzahl p

$$p \text{ träge} \iff \left(\frac{d}{p}\right) = -1$$

$$p \text{ zerlegt} \iff \left(\frac{d}{p}\right) = 1 \tag{3}$$

$$p \text{ verzweigt} \iff \left(\frac{d}{p}\right) = 0 \iff p \,|\, d ,$$

wobei $\left(\frac{d}{p}\right)$ das Legendre Symbol ist.

Beweis. Sei $p \geq 3$ und $d \equiv 2, 3 \pmod 4$. Wir zeigen:

1. p nicht prim in $\mathbb{Z}[\sqrt{d}] \Rightarrow \left(\frac{d}{p}\right) = 0$ oder $\left(\frac{d}{p}\right) = 1$,

2. $\left(\frac{d}{p}\right) = 0 \Rightarrow p$ verzweigt,

3. $\left(\frac{d}{p}\right) = 1 \Rightarrow p$ zerlegt.

Daraus wird der Satz folgen.

Beweis von 1. Sei $p = (a + b\sqrt{d})(e + f\sqrt{d})$ echte Zerlegung. Dann ist $N(p) = p^2 = (a^2 - b^2 d)(e^2 - f^2 d)$, also $\pm p = a^2 - b^2 d$. Falls $p \nmid d$ ist, so folgt auch $(p, a) = 1$, $(p, b) = 1$, da aus $p \,|\, a^2$ auch $p \,|\, b^2$ folgen würde, also $p \,|\, a, p \,|\, b$, somit $p^2 \,|\, a^2 - b^2 d$, was nicht geht. Wir erhalten $d \equiv (ab^{-1})^2 \pmod p$, also ist d quadratischer Rest.

Beweis von 2. Sei $\sqrt{d} = \pi_1 \cdots \pi_t$ die eindeutige Primzerlegung, also $d = \sqrt{d}\sqrt{d} = (\pi_1 \cdots \pi_t)(\pi_1 \cdots \pi_t)$. Wegen $p \,|\, d$ muss p assoziiert zu einem Produkt der π_i sein. Aus $p \approx \pi_i$, folgt $p^2 \approx \pi_i \pi_i$, also $p^2 \,|\, d$ was nicht geht (d ist quadratfrei!). Falls $p \approx \pi_i \pi_j$ $(i \neq j)$ ist, haben wir wiederum $p^2 \,|\, d$, so dass nur $p \approx \pi_i \pi_i$ in Frage kommt, d. h. p ist verzweigt.

Beweis von 3. d ist quadratischer Rest mod p, also existiert a, $p \nmid a$, mit $a^2 \equiv d$ (mod p), das heißt $p \mid a^2 - d = (a + \sqrt{d})(a - \sqrt{d})$. Wäre p Primelement in $\mathbb{Z}[\sqrt{d}]$, so hätten wir $p \mid a + \sqrt{d}$ oder $p \mid a - \sqrt{d}$, also $a \pm \sqrt{d} = p(e + f\sqrt{d})$, somit $\pm 1 = pf$, Widerspruch. Es ist also p zerlegbar in zwei Nicht-Einheiten $p = (a + b\sqrt{d})(e + f\sqrt{d})$. Wie oben schließen wir

$$\pm p = a^2 - b^2 d = (a + b\sqrt{d})(a - b\sqrt{d}), \tag{4}$$

wobei $a + b\sqrt{d}$, $a - b\sqrt{d}$ irreduzibel sind, da die Normen gleich $\pm p$ sind. Angenommen sie sind assoziiert,

$$a + b\sqrt{d} = (a - b\sqrt{d})(r + s\sqrt{d}), \; r + s\sqrt{d} \in E. \tag{5}$$

Wir wissen $(p, a) = (p, b) = (p, d) = 1$, insbesondere $a \neq 0$, $b \neq 0$. Ferner folgt aus (4), dass $(a, b) = (a, d) = 1$ gilt. Koeffizientenvergleich in (5) ergibt

$$a = ar - bsd$$
$$\tag{6}$$
$$b = as - br$$

und somit $a \mid s$, $b \mid s$. Lösen wir in (6) nach r auf, so haben wir

$$r = \frac{a + bsd}{a} = \frac{as - b}{b}$$

also $ab + b^2 sd = a^2 s - ab$, oder

$$s(a^2 - b^2 d) = 2ab.$$

Die linke Seite ist durch p teilbar, die rechte Seite aber wegen $p \geq 3$ nicht. Also ist p zerlegt.

Der Fall $d \equiv 1$ (mod 4) wird völlig analog behandelt. $\square$

Übung 123. *Vervollständige den Beweis durch Betrachtung von $p \geq 3$, $d \equiv 1$ (mod 4), und wenn $p = 2$ ist.*

Für $d < 0$ gilt ferner (ohne Beweis):

Satz 4.30. *Sei $\mathbb{Z}[\sqrt{d}]$, $d < 0$, gegeben. Falls alle $p \in \mathbb{P}$ mit $p < \sqrt{|d|}$ träge sind, so ist $\mathbb{Z}[\sqrt{d}]$ ZPE–Ring.*

Übung 124. *Überprüfe die Bedingung des Satzes für $\mathbb{Z}[\sqrt{d}\,]$ für $d = -1, -2, -3, -5, -7, -43$.*

Hilfssatz 4.31. *Sei $\mathbb{Z}[\sqrt{d}\,]$, $d < 0$, $d \equiv 1 \pmod 4$, $p \in \mathbb{P}$ ungerade. Falls $\left(\frac{d}{p}\right) = 1$ oder $p \mid d$ ist, so gibt es ein b, $0 \le b \le p - 1$, mit*

$$p \,\Big|\, N\!\left(b + \frac{1 + \sqrt{d}}{2}\right).$$

Beweis. Wir haben

$$N\!\left(b + \frac{1 + \sqrt{d}}{2}\right) = \left(b + \frac{1 + \sqrt{d}}{2}\right)\!\left(b + \frac{1 - \sqrt{d}}{2}\right) = b^2 + b + \frac{1 - d}{4}.$$

Gilt $\left(\frac{d}{p}\right) = 1$, also $d \equiv a^2 \pmod p$, so wählen wir ℓ mit $2\ell \equiv 1 \pmod p$ und setzen $b \equiv \ell(a - 1) \pmod p$, $0 \le b \le p - 1$. Wegen $4\ell^2 \equiv 1 \pmod p$, $4\ell \equiv 2 \pmod p$ erhalten wir

$$b^2 + b + \frac{1 - d}{4} = \frac{4b^2 + 4b + 1 - d}{4} \equiv \frac{4\ell^2(a - 1)^2 + 4\ell(a - 1) + 1 - a^2}{4}$$

$$\equiv \frac{(a - 1)^2 + 2(a - 1) + 1 - a^2}{4} \equiv 0 \pmod p,$$

da p ungerade ist.

Ist $p \mid d$, so wählen wir b mit $2b \equiv -1 \pmod p$, $0 \le b \le p - 1$, und erhalten

$$b^2 + b + \frac{1 - d}{4} = \frac{4b^2 + 4b + 1 - d}{4} = \frac{(2b + 1)^2 - d}{4} \equiv \frac{-d}{4} \equiv 0 \pmod p,$$

da p ungerade ist. $\qquad\square$

Nun kommen wir endgültig zu unserem Hauptergebnis.

Satz 4.32. *Falls für das Polynom $f(x) = x^2 + x + q$, $q \in \mathbb{P}$, die Werte $f(0), f(1), \ldots, f(q - 2)$ alles Primzahlen sind, so ist $\mathbb{Z}[\sqrt{d}\,]$ mit $d = 1 - 4q$ ZPE-Ring.*

Beweis. Nach Satz 4.30 müssen wir zeigen:

$$p \in \mathbb{P}, \; p < \sqrt{4q - 1} \Longrightarrow p \text{ ist träge in } \mathbb{Z}[\sqrt{d}\,]. \tag{7}$$

Da wir das Resultat für $q = 2, 3$ schon wissen (in diesen Fällen sind $\mathbb{Z}[\sqrt{-7}\,]$, $\mathbb{Z}[\sqrt{-11}\,]$ sogar Euklidisch), können wir $q \ge 5$ voraussetzen. Für diese q gilt $q > \sqrt{4q - 1}$, und somit $p < \sqrt{4q - 1} < q$ in (7).

Sei $p = 2$. Wir haben $d = 1 - 4q = 1 - 4(2t + 1) \equiv 5 \pmod 8$, also ist 2 laut Liste (2) träge.

Sei $p \in \mathbb{P}$, $p > 2$, $p < \sqrt{4q - 1}$. Angenommen, p ist nicht träge, dann gilt laut Liste (3) $(\frac{d}{p}) = 1$ oder $p \mid d$. Nach dem Hilfssatz existiert daher b, $0 \le b \le p - 1$, mit

$$p \Big| b^2 + b + \frac{1-d}{4} = b^2 + b + q = f(b).$$

Da $b < p < q$ ist, haben wir $b \le q - 2$. Der Wert $f(b)$ ist demnach laut Voraussetzung Primzahl, das heißt $f(b) = p$. Nun ist aber

$$p = f(b) \ge f(0) = q,$$

im Widerspruch zu $p < q$, und wir sind fertig. $\qquad\qquad\square$

Nach dem Satz von Heegner und Stark können wir also notieren: $f(x) = x^2 + x + q$ funktioniert *nur* für $4q - 1 \in \{3, 7, 11, 19, 43, 67, 163\}$, das heißt für $q = 2, 3, 5, 11, 17$ und 41. Euler hatte mit seinem Polynom $f(x) = x^2 + x + 41$ wie immer die richtige Intuition.

4.7   Lucas-Lehmer Test

Sei $M(q) = 2^q - 1$ ($q \in \mathbb{P}, q \ge 3$) Mersenne Zahl. Wir werden den folgenden Test für Primalität beweisen. Sei die Folge (S_k) rekursiv gegeben:

$$S_1 = 4, \; S_{k+1} = S_k^2 - 2.$$

Satz 4.33. $M(q) \in \mathbb{P} \iff M(q) \mid S_{q-1} \quad (q \in \mathbb{P}, q \ge 3)$.

Zum Beweis studieren wir den ZPE-Ring $\mathbb{Z}[\sqrt{3}]$.

Einheiten. Sei $\sigma = 2 + \sqrt{3}$, dann ist $\sigma\overline{\sigma} = 1$, also σ Einheit; ferner ist $\sigma^{-1} = 2 - \sqrt{3} = \overline{\sigma}$.

Behauptung. $E = \{\pm\sigma^n : n \in \mathbb{Z}\}$.

Übung 125.   *Beweise die Behauptung.*

Hinweis: Zeige, dass $(2, 1)$ die kleinste positive Lösung der Pellgleichung ist.

Primelemente. Wir überprüfen, welche $p \in \mathbb{P}$ irreduzibel in $\mathbb{Z}[\sqrt{3}]$ bleiben. Nach Satz 4.29 ist 2 verzweigt, mit $2 = (2 - \sqrt{3})(1 + \sqrt{3})^2$, $2 - \sqrt{3} = \overline{\sigma} \in E$.

Für $p \in \mathbb{P}$, $p \geq 3$ gilt (siehe Übung 41):

$$
\begin{aligned}
p \text{ zerlegt} &\iff \left(\tfrac{3}{p}\right) = 1 \iff p \equiv \pm 1 \ (\mathrm{mod}\ 12) \\
p \text{ träge} &\iff \left(\tfrac{3}{p}\right) = -1 \iff p \equiv \pm 5 \ (\mathrm{mod}\ 12).
\end{aligned}
$$

Mersenne Zahlen. $M(q) = 2^q - 1$ $(q \in \mathbb{P}$, $q \geq 3)$ impliziert

$$M(q) \equiv -1 \ (\mathrm{mod}\ 8), \tag{1}$$

und wegen $M(q) \equiv 3 \ (\mathrm{mod}\ 4)$, $M(q) \equiv 1 \ (\mathrm{mod}\ 3)$ ist

$$M(q) \equiv 7 \ (\mathrm{mod}\ 12). \tag{2}$$

Insbesondere ist also $\left(\frac{2}{M(q)}\right) = 1$ und $\left(\frac{3}{M(q)}\right) = -1$, falls $M(q) \in \mathbb{P}$ ist.

Beweis des Satzes.

Zunächst sehen wir mit $\sigma = 2 + \sqrt{3}$, $\overline{\sigma} = 2 - \sqrt{3}$

$$S_k = \sigma^{2^{k-1}} + \overline{\sigma}^{2^{k-1}} \quad (k \geq 1).$$

Dies gilt für $k = 1$: $S_1 = \sigma + \overline{\sigma} = 4$, und die Rekursion folgt aus $\sigma\overline{\sigma} = 1$,

$$\sigma^{2^k} + \overline{\sigma}^{2^k} = (\sigma^{2^{k-1}} + \overline{\sigma}^{2^{k-1}})^2 - 2.$$

Sei $M(q) = 2^q - 1 \in \mathbb{P}$. Wegen (1) ist $\left(\frac{2}{M(q)}\right) = 1$, somit $2^{\frac{M(q)-1}{2}} \equiv 1 \ \big(\mathrm{mod}\ M(q)\big)$; ferner $\left(\frac{3}{M(q)}\right) = -1$, also $3^{\frac{M(q)-1}{2}} \equiv -1 \ \big(\mathrm{mod}\ M(q)\big)$. Ferner ist $M(q)$ wegen (2) irreduzibel in $\mathbb{Z}[\sqrt{3}]$.

Sei $\rho = 1 + \sqrt{3} \in \mathbb{Z}[\sqrt{3}]$, $\rho^2 = 4 + 2\sqrt{3} = 2\sigma$. Wir haben

$$
\begin{aligned}
2^{2^{q-1}} S_{q-1} &= 2^{2^{q-1}} (\sigma^{2^{q-2}} + \overline{\sigma}^{2^{q-2}}) \\
&= 2^{2^{q-1}} \overline{\sigma}^{2^{q-2}} (\sigma^{2^{q-1}} + 1) \\
&= \overline{\sigma}^{2^{q-2}} ((2\sigma)^{2^{q-1}} + 2^{2^{q-1}}) \\
&= \overline{\sigma}^{2^{q-2}} (\rho^{2^q} + 2^{2^{q-1}}).
\end{aligned}
$$

Nun ist

$$2^{2^{q-1}} = 2^{\frac{M(q)+1}{2}} = 2 \cdot 2^{\frac{M(q)-1}{2}} \equiv 2 \quad (\mathrm{mod}\ M(q)),$$

also in $\mathbb{Z}[\sqrt{3}]$

$$2^{2^{q-1}} S_{q-1} \equiv \overline{\sigma}^{2^{q-2}} (\rho^{2^q} + 2) \quad (\mathrm{mod}\ M(q)).$$

Ferner ist nach dem Binomialsatz

$$\rho^{2^q} = \rho^{M(q)+1} = \rho \cdot \rho^{M(q)} = \rho(1+\sqrt{3})^{M(q)} \equiv \rho(1+3^{\frac{M(q)-1}{2}}\sqrt{3}) \pmod{M(q)}$$
$$\equiv (1+\sqrt{3})(1-\sqrt{3}) \equiv -2 \pmod{M(q)}.$$

Wir erhalten somit in $\mathbb{Z}[\sqrt{3}]$

$$2^{2^{q-1}} S_{q-1} \equiv \overline{\sigma}^{2^{q-2}}(-2+2) \equiv 0 \pmod{M(q)}.$$

Da $M(q)$ prim in $\mathbb{Z}[\sqrt{3}]$ ist und kein Teiler von $2^{2^{q-1}}$ ist, muss $M(q)\big|S_{q-1}$ gelten. Sei umgekehrt $M(q) = 2^q - 1\big|S_{q-1}$. Dann ist in $\mathbb{Z}[\sqrt{3}]$

$$\sigma^{2^{q-1}} + 1 = \sigma^{2^{q-2}}(\sigma^{2^{q-2}} + \overline{\sigma}^{2^{q-2}}) = \sigma^{2^{q-2}} S_{q-1} \equiv 0 \pmod{M(q)},$$

also

$$\sigma^{2^{q-1}} = -1 \pmod{M(q)}, \quad \sigma^{2^q} \equiv 1 \pmod{M(q)}. \tag{3}$$

Sei $M(q) = p_1 \cdots p_r \ell_1 \cdots \ell_s$ die Primzerlegung in $\mathbb{N}$ mit $p_i \equiv \pm 1 \pmod{12}$, $\ell_j \equiv \pm 5 \pmod{12}$. Da $M(q) = 2^q - 1 \equiv 7 \pmod{12}$ ist, muss es mindestens ein ℓ_j geben.

Nun ist für $p = p_i$ wegen $(\frac{3}{p}) = 1$

$$\sigma^p = (2+\sqrt{3})^p \equiv 2 + 3^{\frac{p-1}{2}}\sqrt{3} \equiv 2 + \sqrt{3} \equiv \sigma \pmod{p},$$

also

$$\sigma^{p-1} \equiv 1 \pmod{p}, \tag{4}$$

da $(\sigma, p) = 1$ ist.

Ferner haben wir für $\ell = \ell_j$ wegen $(\frac{3}{\ell}) = -1$

$$\sigma^{\ell+1} = \sigma \cdot \sigma^{\ell} = \sigma(2+\sqrt{3})^{\ell} \equiv \sigma(2+3^{\frac{\ell-1}{2}}\sqrt{3}) \equiv \sigma(2-\sqrt{3}) \equiv 1 \pmod{\ell}. \tag{5}$$

Aus (3) folgt, dass 2^q die Ordnung von σ mod $M(q)$ ist und damit auch mod p_i und mod ℓ_j für alle Primteiler p_i und ℓ_j. Aus (4) und (5) folgt daher

$$2^q\big|p_i - 1, \ 2^q\big|\ell_j + 1.$$

Offenbar ist $2^q\big|p_i - 1$ unmöglich, da $p_i \leq 2^q - 1$ ist. Also gibt es keinen Primteiler p_i. Schließlich ist $2^q\big|\ell_j + 1$ wegen $\ell_j \leq 2^q - 1$ nur möglich für $\ell_j = 2^q - 1$. Das heißt, $M(q) = \ell_j$ ist Primzahl. $\qquad\square$

5 Transzendente Zahlen

5.1 Gibt es transzendente Zahlen?

Wir erinnern uns an die Definition des letzten Kapitels. Eine reelle Zahl α heißt *algebraisch vom Grad d*, falls es ein Polynom $f(x) \in \mathbb{Z}[x]$ mit Grad d gibt, so dass $f(\alpha) = 0$ ist, und d der kleinstmögliche Grad ist. Die *transzendenten* Zahlen sind jene, die nicht algebraisch sind, also *keiner* solchen Gleichung genügen.

Eine der historischen Wurzeln des Studiums transzendenter Zahlen war das Problem der *Quadratur des Kreises*: Gegeben ein Quadrat, dann konstruiere man mit Zirkel und Lineal einen flächengleichen Kreis. Da diese Konstruktionen auf das Schneiden von Geraden, von Geraden und Kreisen bzw. von Kreisen und Kreisen hinauslaufen, folgt aus $r^2\pi = a^2$, dass π algebraisch sein müsste und der Grad eine Zweierpotenz 2^m. Schon früh vermutete man, dass π sogar *transzendent* ist, also insbesondere die Quadratur des Kreises unmöglich ist.

Aber gibt es überhaupt transzendente Zahlen? Dies hat Cantor auf indirektem Wege bewiesen. Seine Methode war rein mengentheoretisch. Es sei $\mathcal{A}$ die Menge der reellen algebraischen Zahlen und $\mathcal{A}_d$ die Menge jener vom Grad d, also $\mathcal{A} = \bigcup_{d \geq 1} \mathcal{A}_d$. Nun gibt es zu einem festen Grad d nur *abzählbar* viele Polynome

$$a_0 + a_1 x + \cdots + a_d x^d \quad (a_i \in \mathbb{Z}),$$

und zu jedem solchen Polynom höchstens d Nullstellen. Also ist $\mathcal{A}_d$ als abzählbare Vereinigung endlicher Mengen selbst abzählbar, und damit auch $\mathcal{A}$ als abzählbare Vereinigung abzählbarer Mengen.

$\mathbb{R}$ ist aber *nicht* abzählbar (nach Cantors berühmtem Diagonalisierungsverfahren). Somit ist $\mathbb{R} \setminus \mathcal{A} \neq \emptyset$, und die Menge der transzendenten Zahlen ist nicht leer, ja sogar überabzählbar.

Problem. Konstruiere explizit transzendente Zahlen.

Übung 126. *Sei α Nullstelle des Polynoms $f(x) = x^m + a_{m-1}x^{m-1} + \cdots + a_1 x + a_0 \in \mathbb{Z}[x]$. Zeige, dass α entweder ganzzahlig ist oder irrational. Hinweis: Setze $\alpha = \frac{r}{s}$ und bringe auf gemeinsamen Nenner.*

Übung 127. *Zeige, dass $1 + \sqrt{2} + \sqrt{3}$ algebraisch vom Grad 4 ist durch Aufstellung eines entsprechenden Polynoms.*

Übung 128. *Ist die Zahl $\sqrt{2} + \sqrt[3]{3}$ irrational, algebraisch, transzendent?*

5.2 Ordnung der Approximierbarkeit

Wir erinnern uns an Kapitel 3, wo wir bewiesen haben, dass es für $\alpha \notin \mathbb{Q}$ *unendlich* viele Brüche $\frac{p}{q}$ gibt, mit

$$\left| \alpha - \frac{p}{q} \right| < \frac{1}{q^2}. \tag{1}$$

Nach Übung 62 ist (1) aber für *rationale* Zahlen falsch.

Definition. Sei $t > 0$. Wir sagen, $\alpha \in \mathbb{R}$ ist *approximierbar von der Ordnung t*, falls es *unendlich* viele Brüche $\frac{p}{q}$ gibt mit

$$\left| \alpha - \frac{p}{q} \right| < \frac{C(\alpha)}{q^t}$$

für eine Konstante $C(\alpha) > 0$, die nur von α abhängt.

Meistens betrachten wir ganze Zahlen t, aber t kann im Prinzip irgendeine positive reelle Zahl sein.

Übung 129. *Zeige, dass eine rationale Zahl approximierbar von Ordnung 1 ist, aber nicht von Ordnung $1 + \varepsilon$ für jedes $\varepsilon > 0$.*

Alle irrationalen Zahlen sind also approximierbar von Ordnung 2, aber es gibt irrationale Zahlen, die nicht mehr approximierbar von Ordnung 3 sind, z. B. $\tau = \frac{1+\sqrt{5}}{2}$ (Übung 74). Nun ist der algebraische Grad von τ gleich 2, und wir vermuten, dass der algebraische Grad etwas mit der Ordnung der Approximierbarkeit zu tun hat. Ja, wir werden im nächsten Abschnitt sehen, dass ein besonders hoher Grad der Approximierbarkeit paradoxerweise die Transzendenz erzwingt.

Definition. Eine Zahl $\alpha \notin \mathbb{Q}$ heißt *schlecht approximierbar*, falls eine Konstante $C > 0$ existiert, so dass

$$\left| \alpha - \frac{p}{q} \right| > \frac{C}{q^2} \tag{2}$$

für *alle* $\frac{p}{q} \in \mathbb{Q}$ gilt.

Schlecht approximierbare Zahlen können wir mit Hilfe der Kettenbruchentwicklung charakterisieren.

Satz 5.1. *Es sei $\alpha \notin \mathbb{Q}$, $\alpha = [a_1, a_2, a_3, \ldots]$. Dann ist α genau dann schlecht approximierbar, wenn die Zahlen a_i beschränkt sind, $|a_i| \leq K$ für alle i.*

Beweis. Wir erinnern uns an die Abschätzungen (siehe Abschnitt 3.4(B))

$$\frac{1}{q_n((a_{n+1}+1)q_n + q_{n-1})} < \left|\alpha - \frac{p_n}{q_n}\right| < \frac{1}{a_{n+1}q_n^2}, \tag{3}$$

wobei $\frac{p_n}{q_n}$ die Konvergenten von α sind.

Ist also (2) für alle $\frac{p}{q}$ erfüllt, so auch für $\frac{p_n}{q_n}$, und wir erhalten

$$\frac{C}{q_n^2} < \left|\alpha - \frac{p_n}{q_n}\right| < \frac{1}{a_{n+1}q_n^2},$$

und somit $a_{n+1} < \frac{1}{C}$, das heißt $|a_i| \leq K = \max(\frac{1}{C}, |a_1|)$ für alle i. Es sei umgekehrt $M = \max |a_i| + 2$ und $\frac{p}{q}$ ein Bruch mit $q_{n-1} < q \leq q_n$. Dann gilt $q_n^2 \geq q_n q_{n-1}$, $2q_n^2 \geq q_n^2 + q_n q_{n-1}$, also

$$(a_{n+1}+2)q_n^2 \geq a_{n+1}q_n^2 + q_n^2 + q_n q_{n-1}.$$

Wir erhalten somit aus (3) und wegen $q \leq q_n$, $(a_{n+1}+1)q_n + q_{n-1} \leq (a_{n+1}+2)q_n$

$$\left|\alpha - \frac{p}{q}\right| \geq \left|\alpha - \frac{p_n}{q_n}\right| > \frac{1}{(a_{n+1}+2)q_n^2} \geq \frac{1}{Mq_n^2}.$$

Aus $q_n = a_n q_{n-1} + q_{n-2}$ folgt

$$\frac{q_n}{q_{n-1}} = a_n + \frac{q_{n-2}}{q_{n-1}} \leq a_n + 1 < M,$$

und somit wegen $q_{n-1} < q$

$$\left|\alpha - \frac{p}{q}\right| > \frac{1}{Mq_n^2} = \frac{1}{Mq_n^2} \cdot \frac{M^2}{M^2} > \frac{1}{M^3}\frac{1}{q_{n-1}^2} > \frac{1}{M^3}\frac{1}{q^2} = \frac{L}{q^2}$$

mit $L = \frac{1}{M^3}$. $\square$

Folgerung 5.2. *Sei $\alpha = \sqrt{d}$, $d > 0$ quadratfrei. Dann ist α schlecht approximierbar, und damit alle $a + b\sqrt{d}$, $a, b \in \mathbb{Q}$.*

Dies folgt sofort aus unserem Satz, da die Kettenbruchentwicklung von $\sqrt{d}$ periodisch ist.

5.3   Konstruktion transzendenter Zahlen

Der folgende berühmte Satz von Liouville gibt den Zusammenhang zwischen dem algebraischen Grad und der Ordnung der Approximierbarkeit.

Satz 5.3 (Liouville). *Sei $\alpha \in \mathbb{R}\setminus\mathbb{Q}$ algebraisch vom Grad d, dann existiert eine Konstante $C > 0$, die nur von α abhängt, mit*

$$\frac{C}{q^d} < \left|\alpha - \frac{p}{q}\right| \quad \text{für alle } \frac{p}{q} \in \mathbb{Q}.$$

Beweis. Sei $f(x) = a_0 + a_1 x + \cdots + a_d x^d$, $f(\alpha) = 0$, und β die nächstgelegene reelle Nullstelle zu α, $|\alpha - \beta| = t$. Nun betrachten wir das offene Intervall $(\alpha - t, \alpha + t)$. Falls keine weitere reelle Nullstelle existiert, nehmen wir $t = 1$.

Sei nun $\frac{p}{q} \in \mathbb{Q}$ beliebig.

Fall 1. $\left|\alpha - \frac{p}{q}\right| \geq t$. Setzen wir $K = \frac{t}{2}$, so gilt $\left|\alpha - \frac{p}{q}\right| > \frac{K}{q^d}$.

Fall 2. $\left|\alpha - \frac{p}{q}\right| < t$. Dann ist $f(\frac{p}{q}) \neq 0$, und genauer

$$\left|f(\frac{p}{q})\right| = \left|\frac{a_0 q^d + a_1 p q^{d-1} + \cdots + a_d p^d}{q^d}\right| \geq \frac{1}{q^d}.$$

Nach dem Mittelwertsatz gibt es ein $\gamma \in (\alpha - t, \alpha + t)$ mit

$$\frac{f(\frac{p}{q}) - f(\alpha)}{\frac{p}{q} - \alpha} = \frac{f(\frac{p}{q})}{\frac{p}{q} - \alpha} = f'(\gamma) \neq 0,$$

wobei γ zwischen $\frac{p}{q}$ und α liegt.

Daraus erhalten wir

$$\left|\alpha - \frac{p}{q}\right|\left|f'(\gamma)\right| = \left|f(\frac{p}{q})\right| \geq \frac{1}{q^d}.$$

Sei $M > \left|f'(x)\right|$ für alle $x \in (\alpha - t, \alpha + t)$, dann haben wir

$$\left|\alpha - \frac{p}{q}\right| > \frac{1}{M q^d}.$$

Für $C = \min(K, \frac{1}{M})$ gilt also $\left|\alpha - \frac{p}{q}\right| > \frac{C}{q^d}$ für alle $\frac{p}{q}$. $\square$

Übung 130. *Zeige: Sei α algebraisch vom Grad d. Dann kann α höchstens von der Ordnung d approximiert werden.*

Alle algebraischen Zahlen vom Grad ≤ 2 sind demnach schlecht approximierbar.

Offenes Problem. Gibt es algebraische Zahlen vom Grad ≥ 3, die schlecht approximierbar sind? Die Vermutung ist: nein!

Die Sätze von Dirichlet und Liouville geben uns eine Methode an die Hand: Falls $\alpha \in \mathbb{R}$ approximiert werden kann von einer Ordnung $t > 1$, so muss α *irrational* sein, und falls α von *jeder* Ordnung $t > 0$ approximiert werden kann, dann muss α *transzendent* sein. Und das war genau die Idee, mit der Liouville die ersten konkreten transzendenten Zahlen konstruiert hat.

Kehren wir noch einmal zu den algebraischen Zahlen zurück. Angenommen α ist algebraisch vom Grad d, dann wissen wir, dass die Ordnung der Approximierbarkeit $\leq d$ ist. Kann man dies noch verbessern? An dieser Frage haben einige der größten Zahlentheoretiker gearbeitet. Der Reihe nach wurde bewiesen:

Grad d	Ordnung der Approximierbarkeit
Thue:	$\leq \frac{d}{2} + 1$
Siegel:	$\leq 2\sqrt{d}$
Dyson:	$\leq \sqrt{2d}$
Roth:	≤ 2.

Das großartige Resultat von Roth (d kommt nicht mehr vor!) ist natürlich wegen des Satzes von Dirichlet bestmöglich. Genau lautet es also: Sei α eine beliebige algebraische Zahl (reell oder komplex), $\varepsilon > 0$. Dann gibt es eine Konstante $c(\alpha, \varepsilon)$, so daß für *alle* $\frac{p}{q} \in \mathbb{Q}$, $\frac{p}{q} \neq \alpha$, gilt:

$$\frac{c(\alpha, \varepsilon)}{q^{2+\varepsilon}} < \left| \alpha - \frac{p}{q} \right|.$$

Übung 131. *Folgere aus dem Satz von Roth, dass für jede algebraische Zahl α und jedes $\varepsilon > 0$ die Ungleichung $\left| \alpha - \frac{p}{q} \right| < \frac{1}{q^{2+\varepsilon}}$ nur endlich viele Lösungen $\frac{p}{q}$ besitzt.*

Übung 132. *Sei $\alpha \in \mathbb{R}$ algebraisch mit Minimalpolynom $f(x) = a_d x^d + \cdots + a_1 x + a_0 \in \mathbb{Z}[x]$, $d \geq 3$. Es sei $F(x, y) = y^d f(\frac{x}{y}) = a_d x^d + a_{d-1} x^{d-1} y + \cdots + a_1 x y^{d-1} + a_0 y^d$. Zeige, dass $F(x, y) = m$ für jedes $m \in \mathbb{Z}$ nur endlich viele ganzzahlige Lösungen (x, y) hat.*

Hinweis: Das Polynom $f(x)$ hat verschiedene Nullstellen. Verwende den Satz von Roth.

Als Anwendung des Satzes von Liouville geben wir nun die erste explizite Konstruktion transzendenter Zahlen durch Liouville.

Es sei $\alpha = \frac{1}{10} + \frac{1}{10^{2!}} + \frac{1}{10^{3!}} + \cdots$, also in Dezimaldarstellung

$$
\begin{array}{cc}
6 & 24 \\
\downarrow & \downarrow
\end{array}
$$
$$
\alpha = 0,11000100\ldots01\ldots
$$

Behauptung. α *ist transzendent.*

Sei $N \in \mathbb{N}$ beliebig, $n \geq N$, und

$$
\alpha_n = \frac{1}{10} + \frac{1}{10^{2!}} + \cdots + \frac{1}{10^{n!}} = \frac{p}{10^{n!}} = \frac{p}{q}.
$$

Offenbar ist $\mathrm{ggT}(p, 10^{n!}) = 1$, also $\frac{p}{q}$ ein gekürzter Bruch. Nun gilt

$$
0 < \alpha - \frac{p}{q} = \frac{1}{10^{(n+1)!}} + \frac{1}{10^{(n+2)!}} + \cdots
$$

und mit $b = \frac{1}{10^{(n+1)!}}$

$$
\alpha - \frac{p}{q} = b + b^{n+2} + b^{(n+2)(n+3)} + \cdots
$$
$$
= b(1 + b^{n+1} + b^{(n+2)(n+3)-1} + \cdots)
$$
$$
< b(1 + \frac{1}{2} + \frac{1}{4} + \frac{1}{8} + \cdots) = 2b = \frac{2}{10^{(n+1)!}}
$$
$$
= \frac{2}{q^{n+1}} < \frac{2}{q^N}
$$

für alle $\frac{p}{q}$, $q = 10^{n!}$, $n \geq N$, also für *unendlich* viele Brüche. α ist demnach approximierbar von mindestens der Ordnung N und somit von jeder Ordnung, da N beliebig war. Nach Übung 130 muss α transzendent sein. Wir erhalten somit das eingangs erwähnte paradoxe Resultat: Ist α approximierbar von hoher Ordnung, also durch eine „schnell" konvergierende Folge von Brüchen, so muss α transzendent sein.

Wir können die Methode des Satzes natürlich auch auf andere „schnelle" Folgen anwenden.

Übung 133. $\alpha \notin \mathbb{Q}$ *heißt Liouville Zahl, falls für jedes $n \geq 2$ ein Bruch $\frac{p_n}{q_n}$ existiert mit $q_n \geq 2$, so dass $\left|\alpha - \frac{p_n}{q_n}\right| < \frac{1}{q_n^n}$ gilt. Zeige: α ist Liouville Zahl $\Longleftrightarrow$ α ist approximierbar zu jeder Ordnung $t \geq 1$. Insbesondere ist also jede Liouville Zahl transzendent.*

Hinweis: Wenn $\left|\alpha - \frac{p}{q}\right| < \frac{c}{q^n}$ für $c > 0$ und unendlich viele $\frac{p}{q}$ gilt, so geht $q \to \infty$.

Übung 134. *Seien $a \geq 2$, $0 \leq k_n \leq a - 1$, ganze Zahlen und $k_n \neq 0$ für unendlich viele Indizes n. Zeige: $\alpha = \sum_{n=0}^{\infty} \frac{k_n}{a^{n!}}$ ist Liouville Zahl.*

Übung 135. *Zeige, dass jede reelle Zahl Summe zweier Liouville Zahlen ist.*

Hinweis: Spalte die Dezimaldarstellung von α geeignet auf.

5.4 Die Transzendenz von e und π

Zum Abschluss wollen wir die Transzendenz von e und π beweisen. Wir wissen bereits, dass Euler 1737 mittels Kettenbrüchen die Irrationalität von e bewiesen hat. Ein ganz ähnlicher Trick funktioniert für e^a allgemein.

Von der Irrationalität zur Transzendenz dauerte es nochmals über 100 Jahre. Dass e transzendent ist, wurde 1873 von Hermite bewiesen. Die Irrationalität von π wurde 1761 von Lambert gezeigt, und die Transzendenz 1882 von Lindemann. Damit war auch ein für alle Mal die Quadratur des Kreises mit Zirkel und Lineal als unmöglich nachgewiesen.

Beide Beweise verlaufen ähnlich, wir beginnen mit dem Beweis von e, der etwas leichter ist und der Originalbeweis von Hermite ist. Zur Einstimmung in Hermites raffinierte Polynommethode zeigen wir, dass e^r irrational ist für beliebiges $r \in \mathbb{Q} \setminus \{0\}$.

Lemma 5.4. *Für $n \geq 1$ sei $f(x)$ das Polynom*

$$f(x) = \frac{x^n(1 - x)^n}{n!}.$$

Dann gilt:

1) $f(x) = \frac{1}{n!} \sum_{i=n}^{2n} c_i x^i$, *wobei die Koeffizienten c_i ganze Zahlen sind.*

2) *Für $0 < x < 1$ gilt $0 < f(x) < \frac{1}{n!}$.*

3) *Die Ableitungen $f^{(k)}(0)$ und $f^{(k)}(1)$ sind ganzzahlig für alle $k \geq 0$.*

Übung 136. *Beweise das Lemma.*

Satz 5.5. *e^r ist irrational für alle $r \in \mathbb{Q} \setminus \{0\}$.*

Beweis. Es genügt, das für e^a, $a \in \mathbb{N}$, zu zeigen. Denn wenn $e^{\frac{a}{b}} \in \mathbb{Q}$ ist, dann auch $(e^{\frac{a}{b}})^b = e^a$, $\frac{a}{b} \in \mathbb{Q}$.

Angenommen $e^a = \frac{p}{q} \in \mathbb{Q}$, dann sei n groß genug, so dass $n! > pa^{2n+1}$ ist. Wir definieren

$$F(x) = a^{2n} f(x) - a^{2n-1} f'(x) + a^{2n-2} f''(x) \mp \cdots + f^{(2n)}(x),$$

wobei $f(x)$ das Polynom aus dem Lemma ist. Wir können auch

$$F(x) = a^{2n} f(x) - a^{2n-1} f'(x) + a^{2n-2} f''(x) \mp \cdots,$$

schreiben, da die Ableitungen $f^{(k)}(x)$ für $k > 2n$ verschwinden. Es folgt

$$F'(x) = -aF(x) + a^{2n+1} f(x),$$

und daraus

$$\left(e^{ax} F(x)\right)' = ae^{ax} F(x) + e^{ax} F'(x) = a^{2n+1} e^{ax} f(x).$$

Nun betrachten wir

$$N := q \int_0^1 a^{2n+1} e^{ax} f(x)\, dx = qe^{ax} F(x)\big|_0^1 = qe^a F(1) - qF(0)$$

$$= pF(1) - qF(0).$$

Nach dem Lemma ist N eine ganze Zahl. Andererseits haben wir mit $0 < f(x) < \frac{1}{n!}$ für $0 < x < 1$

$$0 < N < qa^{2n+1} e^a \frac{1}{n!} = \frac{pa^{2n+1}}{n!} < 1,$$

also kann N nicht ganzzahlig sein. $\square$

Zum Beweis der Transzendenz von e verwenden wir ein ganz ähnliches Polynom.

Lemma 5.6. *Sei p eine Primzahl, $m \geq 1$. Es sei*

$$f(x) = \frac{x^{p-1}(x-1)^p (x-2)^p \cdots (x-m)^p}{(p-1)!}.$$

Dann gilt für die k-te Ableitung $f^{(k)}(x)$:

1) $f^{(k)}(j) \in \mathbb{Z}$ *für alle $k \geq 0$, $0 \leq j \leq m$,*

2) $p \,\big|\, f^{(k)}(j)$ *außer für $k = p - 1$, $j = 0$, hier gilt:*

$$f^{(p-1)}(0) = (-1)^p (-2)^p \cdots (-m)^p \,.$$

Beweis. Wir verwenden die Produktregel der Differentiation. Sei $j \neq 0$, k beliebig. Der Term $(x - j)^p$ ergibt 0 in $f^{(k)}(j)$, außer wenn eine p-te Ableitung gebildet wird. Dann haben wir $[(x - j)^p]^{(p)} = p!$. Da $\frac{p!}{(p-1)!} = p$ ist, sind also alle Summanden von $f^{(k)}(j)$ in $\mathbb{Z}$ und durch p teilbar. Sei nun $j = 0$. Nach derselben Überlegung ist ein Summand nur $\neq 0$, wenn x^{p-1} genau $(p - 1)$-mal abgeleitet wird, woraus wir $\frac{(p-1)!}{(p-1)!} = 1$ erhalten, also ist $f^{(k)}(0) \in \mathbb{Z}$. Wird ein weiterer Term mindestens einmal abgeleitet, so ist $f^{(k)}(0)$ wiederum ein Vielfaches von p. Es ergibt sich somit als einzige Möglichkeit

$$f^{(p-1)}(0) = (-1)^p \cdots (-m)^p \,,$$

und wir sind fertig. $\square$

Satz 5.7. *e ist transzendent.*

Beweis. Angenommen, dies ist falsch und e ist Nullstelle des ganzzahligen Polynoms

$$a_m x^m + \cdots + a_1 x + a_0, \quad a_0 \neq 0 \,.$$

Wir verwenden das Polynom $f(x)$ aus dem Lemma (mit demselben m). Es ist Grad $f = mp + p - 1$, und somit $f^{(k)}(x) = 0$ für $k \geq mp + p$. Die folgende Definition ist daher sinnvoll:

$$F(x) = \sum_{k=0}^{\infty} f^{(k)}(x) \,.$$

Wir sehen

$$\left(e^{-x} F(x)\right)' = e^{-x}\left(F'(x) - F(x)\right) = -e^{-x} f(x),$$

da sich die Ableitungen von $f(x)$ wechselweise wegkürzen. Also gilt für jedes j

$$\int_0^j e^{-x} f(x)\, dx = -e^{-x} F(x) \Big|_0^j = F(0) - e^{-j} F(j)$$

und somit

$$\sum_{j=0}^{m}\left(a_j e^j \int_0^j e^{-x}f(x)\,dx\right) = F(0)\underbrace{\sum_{j=0}^{m} a_j e^j}_{0} - \sum_{j=0}^{m} a_j F(j)$$

$$= -\sum_{j=0}^{m}\sum_{k=0}^{mp+p-1} a_j f^{(k)}(j).$$

Aus unserem Lemma folgt daher

$$\sum_{j=0}^{m}\left(a_j e^j \int_0^j e^{-x}f(x)\,dx\right) \in \mathbb{Z}$$

und

$$\sum_{j=0}^{m}\left(a_j e^j \int_0^j e^{-x}f(x)\,dx\right) \equiv -a_0(-1)^p \cdots (-m)^p \quad (\mathrm{mod}\ p). \tag{1}$$

Wir wählen nun $p > \max(m, |a_0|)$. Dann ist die rechte Seite von (1) eine ganze Zahl $\not\equiv 0 \ (\mathrm{mod}\ p)$, und daher

$$\left|\sum_{j=0}^{m}\left(a_j e^j \int_0^j e^{-x}f(x)\,dx\right)\right| \geq 1. \tag{2}$$

Andererseits ist

$$|f(x)| \leq \frac{m^{mp+p-1}}{(p-1)!} \quad \text{für}\ \ 0 \leq x \leq m.$$

Dies ergibt nun die Ungleichung

$$\left|\sum_{j=0}^{m}\left(a_j e^j \int_0^j e^{-x}f(x)\,dx\right)\right| \leq \sum_{j=0}^{m}|a_j e^j|\int_0^j \frac{m^{mp+p-1}}{(p-1)!}\,dx$$

$$= \sum_{j=0}^{m}|a_j e^j|\, j\, \frac{m^{mp+p-1}}{(p-1)!}.$$

Mit $K = \max_j(|a_j e^j|, m)$ ist dieser letzte Ausdruck

$$\leq K^2(m+1)\frac{m^{mp+p-1}}{(p-1)!}$$

und dies geht gegen 0 mit $p \to \infty$. Wählen wir also p groß genug, so wird die linke Seite von (1) kleiner als 1, im Widerspruch zu (2). $\qquad\square$

Um die Transzendenz von π zu beweisen, benötigen wir einige Vorbereitungen. Angenommen, π ist algebraisch, dann ist es auch $i\pi$. In der Algebra lernt man, dass allgemein Summe und Produkt von algebraischen Zahlen wieder algebraisch sind. Da i als Nullstelle von $x^2 + 1 = 0$ algebraisch ist, so wäre es auch das Produkt $i\pi$. Wir können dies auch direkt sehen. Ist nämlich $\sum_{k=0}^{m} a_k \pi^k = 0$ so gilt

$$0 = i^m(a_m \pi^m + a_{m-1}\pi^{m-1} + a_{m-2}\pi^{m-2} + \cdots)$$

$$= (a_m(i\pi)^m - a_{m-2}(i\pi)^{m-2} + a_{m-4}(i\pi)^{m-4} \mp \cdots)$$

$$+ i(a_{m-1}(i\pi)^{m-1} - a_{m-3}(i\pi)^{m-3} + a_{m-5}(i\pi)^{m-5} \mp \cdots),$$

also ist $i\pi$ Nullstelle des Polynoms

$$(a_m x^m - a_{m-2}x^{m-2} + \ldots)^2 + (a_{m-1}x^{m-1} - a_{m-3}x^{m-3} + \cdots)^2.$$

Können wir also zeigen, dass $i\pi$ nicht algebraisch ist, so sind wir fertig. Um wie im Beweis von e vorzugehen, müssen wir ein geeignetes Polynom $f(x)$ wie im Lemma finden. Dazu benötigen wir einige Tatsachen über symmetrische Polynome.

Definition. Ein Polynom $f(x_1, \ldots, x_n)$ heißt *symmetrisch*, falls $f(x_{\sigma 1}, \ldots, x_{\sigma n}) = f(x_1, \ldots, x_n)$ für jede Permutation σ der Variablen x_i gilt.

Beispiel. Die Polynome $e_i(x_1, \ldots, x_n)$ $(i = 1, \ldots, n)$ heißen die *elementarsymmetrischen Polynome* in den x_i:

$$e_1(x_1, \ldots, x_n) = x_1 + x_2 + \cdots + x_n$$

$$e_2(x_1, \ldots, x_n) = x_1 x_2 + x_1 x_3 + \cdots + x_{n-1}x_n \qquad (3)$$

$$\vdots$$

$$e_n(x_1, \ldots, x_n) = x_1 x_2 \cdots x_n.$$

Sie treten in ganz natürlicher Weise bei den Nullstellen von Polynomen auf. Sei $g(x) = \sum_{k=0}^{n} c_k x^k \in \mathbb{C}[x]$ und $x_1, \ldots, x_n$ die Nullstellen. Dann gilt

$$g(x) = c_n(x - x_1) \cdots (x - x_n),$$

also durch Koeffizientenvergleich

$$x_1 + \cdots + x_n = -\frac{c_{n-1}}{c_n}$$

$$x_1 x_2 + \cdots + x_{n-1} x_n = \frac{c_{n-2}}{c_n} \tag{4}$$

$$\vdots$$

$$x_1 x_2 \cdots x_n = \frac{(-1)^n c_0}{c_n}.$$

Ist insbesondere $g(x) \in \mathbb{Z}[x]$, so sind die Ausdrücke $e_k(c_n x_1, \ldots, c_n x_n)$ *ganze Zahlen* $(k = 1, \ldots, n)$.

Offensichtlich bilden die symmetrischen Polynome $f(x_1, \ldots, x_n)$ über $\mathbb{Q}$ einen Vektorraum, und der folgende wichtige Satz (ohne Beweis) besagt, dass die Polynome e_k $(k = 1, \ldots, n)$ eine *Basis* bilden.

Satz 5.8. *Sei $\phi(x_1, \ldots x_n) \in \mathbb{Q}[x_1, \ldots, x_n]$ ein symmetrisches Polynom, dann gibt es genau ein Polynom $\varphi(x_1, \ldots, x_n) \in \mathbb{Q}[x_1, \ldots, x_n]$ mit $\phi(x_1, \ldots, x_n) = \varphi(e_1, \ldots, e_n)$. Ist ϕ ganzzahliges Polynom, so ist auch φ ganzzahlig.*

Beispiel. Betrachten wir $\phi(x_1, x_2, x_3) = x_1^2 + x_2^2 + x_3^2$. Dann ist $\phi(x_1, x_2, x_3) = (x_1 + x_2 + x_3)^2 - 2(x_1 x_2 + x_1 x_2 + x_2 x_3) = e_1^2 - 2e_2$.

Folgerung 5.9. *Es sei $\phi(x_1, \ldots, x_n)$ ganzzahliges symmetrisches Polynom und $h(x) = c_n x^n + \cdots + c_1 x + c_0 \in \mathbb{Z}[x]$ mit den Nullstellen $\alpha_1, \ldots, \alpha_n$. Dann ist $\phi(c_n \alpha_1, \ldots, c_n \alpha_n) \in \mathbb{Z}$.*

Beweis. Wir haben nach dem Satz

$$\phi(\alpha_1, \ldots, \alpha_n) = \varphi\big(e_1(\alpha_1, \ldots, \alpha_n), \ldots, e_n(\alpha_1, \ldots, \alpha_n)\big)$$

also

$$\phi(c_n \alpha_1, \ldots, c_n \alpha_n) = \varphi\big(e_1(c_n \alpha_1, \ldots, c_n \alpha_n), \ldots, e_n(c_n \alpha_1, \ldots, c_n \alpha_n)\big).$$

Da aber, wie gesehen, $e_k(c_n \alpha_1, \ldots, c_n \alpha_n) \in \mathbb{Z}$ ist für alle k, und φ ganzzahliges Polynom ist, so schließen wir $\phi(c_n \alpha_1, \ldots, c_n \alpha_n) \in \mathbb{Z}$. $\qquad\square$

Satz 5.10. *π ist transzendent.*

Beweis. Wir zeigen, dass $i\pi$ transzendent ist. Angenommen, es gibt ein Polynom $\sum_{k=0}^{m} a_k x^k \in \mathbb{Z}[x]$ mit den Nullstellen $\omega_1 = i\pi$, $\omega_2, \ldots, \omega_m$. Eulers berühmte Gleichung besagt

$$e^{i\pi} + 1 = 0,$$

das heißt $1 + e^{\omega_1} = 0$, und wir haben somit

$$(1 + e^{\omega_1})(1 + e^{\omega_2}) \cdots (1 + e^{\omega_m}) = 0. \tag{5}$$

Es seien $\gamma_1, \ldots, \gamma_s$ alle Summen der Länge r in den ω_i, das heißt Ausdrücke der Form $\omega_{j_1} + \cdots + \omega_{j_r}$, und

$$g_r(x) = (x - \gamma_1) \cdots (x - \gamma_s).$$

Die Koeffizienten von $g_r(x)$ sind symmetrische ganzzahlige Polynome in den ω_i und daher ein ganzzahliges Polynom φ_r in den $e_k(\omega_1, \ldots, \omega_m)$. Nach (4) ist $e_k(\omega_1, \ldots, \omega_m) \in \mathbb{Q}$ und somit $g_r(x) \in \mathbb{Q}[x]$. Damit ist auch

$$g(x) = g_1(x) \cdots g_m(x) \in \mathbb{Q}[x],$$

mit den Nullstellen $\alpha_1, \alpha_2, \ldots, \alpha_{2^m-1}$ gleich den Summen der ω_i. Es seien $\alpha_1 \neq 0, \ldots, \alpha_n \neq 0$ und $N - 1$ der $\alpha_j = 0$. Durch Multiplikation von $g(x)$ mit dem Hauptnenner und Division durch x^{N-1} erhalten wir ein ganzzahliges Polynom

$$h(x) = cx^n + c_{n-1}x^{n-1} + \cdots + c_0 \in \mathbb{Z}[x], \quad c_0 \neq 0, \tag{6}$$

mit den Nullstellen $\alpha_1, \alpha_2, \ldots, \alpha_n$. Ausmultiplizieren von (5) ergibt ferner

$$\sum_{k=1}^{n} e^{\alpha_k} + N = 0. \tag{7}$$

Sei p eine Primzahl ≥ 3, dann setzen wir

$$f(x) = \frac{c^{np+p-1}x^{p-1}}{(p-1)!}(x - \alpha_1)^p(x - \alpha_2)^p \cdots (x - \alpha_n)^p. \tag{8}$$

Lemma 5.11. *Es gilt für alle $i \geq 0$:*

$$1) \quad \sum_{j=1}^{n} f^{(i)}(\alpha_j) \in \mathbb{Z} \quad und \quad \sum_{j=1}^{n} f^{(i)}(\alpha_j) \equiv 0 \pmod{p}$$

$$2) \quad f^{(i)}(0) = \begin{cases} 0 & i = p - 2 \\ c^{np-1}c_0^p & i = p - 1 \\ \ell_i p & i \geq p, \ \ell_i \in \mathbb{Z}. \end{cases}$$

Beweis. Wir betrachten

$$f_1(x) = \frac{x^{p-1}}{(p-1)!}(x - \alpha_1)^p \cdots (x - \alpha_n)^p.$$

Ist $0 \leq i < p$, so enthält jeder Term von $f_1^{(i)}(x)$ mindestens einen Faktor $x - \alpha_j$, und wir haben $\sum_{j=1}^{n} f_1^{(i)}(\alpha_j) = 0$.

Sei nun $i \geq p$. Dann wird in jedem Term $\neq 0$ von $f_1^{(i)}(x)$ ein Faktor $p!$ herausmultipliziert, also ist wegen $\frac{p!}{(p-1)!} = p$ der Ausdruck $\sum_{j=1}^{n} f_1^{(i)}(\alpha_j)$ ein ganzzahliges Polynom (mit Koeffizienten $\equiv 0 \pmod{p}$), symmetrisch in den $\alpha_1, \ldots, \alpha_n$. Laut Folgerung 5.9 angewandt auf $\phi = f_1$ ist somit $\sum_{j=1}^{n} f_1^{(i)}(c\alpha_j) \in \mathbb{Z}$ und damit auch $\sum_{j=1}^{n} f^{(i)}(\alpha_j)$, da wir in $f(x)$ den Faktor c^{np+p-1} hinzugefügt haben. Dies beweist 1).

Für den Beweis von 2) bemerken wir, dass $f_1^{(i)}(0) = 0$ ist für $i \leq p - 2$. Für $i = p - 1$ erhalten wir als einzigen Term $\neq 0$ für $f_1^{(i)}(0)$, wenn wir x^{p-1} $(p-1)$–mal differenzieren. Somit ist nach (8) und (4)

$$f^{(p-1)}(0) = c^{np+p-1}(-1)^n \alpha_1^p \cdots \alpha_n^p = c^{np-1} c_0^p.$$

Für $i \geq p$ erhalten wir wiederum $\frac{p!}{(p-1)!} = p$ in jedem Term $\neq 0$ und $f^{(i)}(0) \in \mathbb{Z}$ wie oben, $f^{(i)}(0) \equiv 0 \pmod{p}$. $\square$

Nun fahren wir wie im Beweis von e fort. Es sei

$$F(x) = \sum_{i=0}^{\infty} f^{(i)}(x).$$

Es gilt $\left(e^{-x}F(x)\right)' = -e^{-x}f(x)$ und

$$-\int_0^x e^{-y}f(y)dy = e^{-x}F(x) - F(0).$$

Wir setzen $y = xz$ mit der neuen Variablen z. Dann gilt

$$-x\int_0^1 e^{-xz}f(xz)dz = e^{-x}F(x) - F(0),$$

also nach Multiplikation mit e^x

$$-x\int_0^1 e^{(1-z)x}f(xz)dz = F(x) - e^x F(0).$$

Dies ergibt

$$-\sum_{j=1}^{n}\alpha_j\int_{0}^{1}e^{(1-z)\alpha_j}f(\alpha_j z)dz=\sum_{j=1}^{n}F(\alpha_j)-F(0)\sum_{j=1}^{n}e^{\alpha_j} \qquad (9)$$

und wegen $\sum_{j=1}^{n}e^{\alpha_j}=-N$ ist die rechte Seite von (9)

$$\sum_{j=1}^{n}F(\alpha_j)+NF(0).$$

Nach dem Lemma ist $\sum_{j=1}^{n}F(\alpha_j)+NF(0)\in\mathbb{Z}$ und genauer

$$\sum_{j=1}^{n}F(\alpha_j)+NF(0)\equiv Nc^{np-1}c_0^{p}\pmod{p}.$$

Wählen wir nun $p>\max(N,|c|,|c_0|)$, so ist die rechte Seite von (9) eine Zahl $\not\equiv 0$ (mod p) und damit insbesondere der Absolutbetrag ≥ 1.

Andererseits haben wir für die linke Seite von (9)

$$\left|\sum_{j=1}^{n}\alpha_j\int_{0}^{1}e^{(1-z)\alpha_j}f(\alpha_j z)dz\right|\leq\sum_{j=1}^{n}|\alpha_j|\left|\int_{0}^{1}e^{(1-z)\alpha_j}f(\alpha_j z)dz\right|.$$

Es sei $m(j)=\sup\limits_{0\leq z\leq 1}|(\alpha_j z-\alpha_1)\cdots(\alpha_j z-\alpha_n)|$, $M=\max\limits_{j}\left|\int_{0}^{1}e^{(1-z)\alpha_j}dz\right|$, dann erhalten wir

$$\left|\sum_{j=1}^{n}\alpha_j\int_{0}^{1}e^{(1-z)\alpha_j}f(\alpha_j z)dz\right|\leq M\sum_{j=1}^{n}\frac{|c|^{np+p-1}m(j)^p|\alpha_j|^p}{(p-1)!}$$

und dies geht gegen 0 mit $p\to\infty$. Also ist der Absolutbetrag der linken Seite von (9) für p groß genug kleiner als 1, und dieser Widerspruch beweist die Transzendenz von π. $\qquad\square$

Bemerkung. Lindemann und Weierstrass haben einen allgemeineren Satz bewiesen, der unter anderem die Transzendenz von π impliziert: Es seien $\alpha_1,\ldots,\alpha_n$ verschiedene algebraische Zahlen, dann gilt: Ist $c_1 e^{\alpha_1}+c_2 e^{\alpha_2}+\cdots+c_n e^{\alpha_n}=0$ mit $c_i\in\mathcal{A}$, dann ist $c_1=\cdots=c_n=0$.

Übung 137. *Folgere aus dem Satz von Lindemann-Weierstrass: Ist $\alpha \neq 0$ algebraisch, dann sind e^α, $\sin\alpha$, $\cos\alpha$, $\operatorname{tg}\alpha$ transzendent. Ist $\alpha \neq 1$ algebraisch, dann ist $\log\alpha$ transzendent.*

Allerdings ist bis heute ungeklärt, ob $\pi + e$ oder πe transzendent sind. Ja, man weiß nicht einmal, ob sie irrational sind.

Bemerkung. Ein weiteres berühmtes Ergebnis ist der Satz von Gelfond-Schneider: Es seien α, β algebraisch mit $\alpha \neq 0, 1$, $\beta \in \mathbb{C} \setminus \mathbb{Q}$. Dann ist α^β transzendent.

In seiner großen Rede vor dem internationalen Kongress 1900 in Paris skizzierte David Hilbert 23 Probleme. Das 7. Problem hatte genau diese Frage zum Inhalt, ob Zahlen α^β, wie zum Beispiel $2^{\sqrt{2}}$, transzendent wären.

Übung 138. *Folgere aus dem Satz von Gelfond-Schneider, dass e^π und $\frac{\log m}{\log n}$, $m, n \in \mathbb{N}$, transzendent sind.*

Hinweis: Eine berühmte Formel mit e und π hilft.

Übung 139. *Nach dem Satz von Gelfond-Schneider ist $\sqrt{2}^{\sqrt{2}}$ transzendent. Konstruiere andererseits mit Hilfe von $\sqrt{2}^{\sqrt{2}}$ irrationale Zahlen α, β, so dass α^β rational ist.*

Übung 140. *Zum Schluss noch eine Formel von Ramanujan. Zeige*

$$\sqrt{1 + 2\sqrt{1 + 3\sqrt{1 + 4\sqrt{\ldots}}}} = 3$$

oder genauer:

$$\lim_{n \to \infty} \sqrt{1 + 2\sqrt{1 + \cdots + (n-1)\sqrt{n+1}}} = 3. \tag{10}$$

Übrigens: Was ist $\sqrt{1 + \sqrt{1 + \sqrt{1 + \cdots}}}$?

Hinweis: Die Folge in (10) ist monoton steigend.

Anhang

Es werden einige grundlegende Begriffe und Ergebnisse der Zahlentheorie zusammengefasst (ohne Beweise), die üblicherweise in einer Vorlesung über Lineare Algebra oder einer Einführung in Algebra/Zahlentheorie gebracht werden. Ausführliche Darstellungen findet man zum Beispiel in den Büchern von Müller-Stach und Piontkowski oder Wolfart (siehe das Literaturverzeichnis). $\mathbb{N}, \mathbb{Z}, \mathbb{Q}, \mathbb{R}, \mathbb{C}$ sind die üblichen Bezeichnungen für die Zahlbereiche von den natürlichen zu den komplexen Zahlen; $\mathbb{P}$ ist die Menge der Primzahlen.

A. Hauptsatz der Arithmetik

Jeder weiß, was eine Primzahl ist. Primzahlen sind die Bausteine der natürlichen Zahlen in dem folgenden Sinn.

Satz. *Jedes $n \in \mathbb{N}$, $n > 1$, ist Produkt von Primzahlen, $n = p_1^{k_1} \cdots p_t^{k_t}$, $p_i \in \mathbb{P}$, und das Produkt ist bis auf die Reihenfolge der Faktoren eindeutig.*

B. Teilerlehre

Seien $a, b \in \mathbb{Z}$, dann ist a *Teiler* von b, falls $b = ac$ für ein $c \in \mathbb{Z}$ gilt, in Zeichen $a|b$. Es gelten die Regeln:

$$
\begin{aligned}
a\,|\,b \quad &\Rightarrow\quad a\,|\,bc \\
a\,|\,b_1, a\,|\,b_2 \quad &\Rightarrow\quad a\,|\,k_1 b_1 + k_2 b_2 \\
a\,|\,b, b\,|\,c \quad &\Rightarrow\quad a\,|\,c \\
a\,|\,b \quad &\Leftrightarrow\quad ca\,|\,cb \quad (c \neq 0).
\end{aligned}
$$

Ist p Primzahl, $p\,|\,ab$, so gilt $p\,|\,a$ oder $p\,|\,b$.

Seien $a, b \in \mathbb{Z}$, nicht beide 0, so existiert der *größte gemeinsame Teiler* $d = \mathrm{ggT}(a, b) \geq 1$. Für d gilt:

$$d\,|\,a, \ d\,|\,b$$
$$c\,|\,a, \ c\,|\,b \ \Rightarrow \ c\,|\,d\,.$$

Falls $\mathrm{ggT}(a, b) = 1$ ist, so heißen a und b *teilerfremd* oder *relativ prim*. Sind $a = \pm \prod p_i^{k_i}$, $b = \pm \prod p_i^{\ell_i}$ die Primzerlegungen, so ist $\mathrm{ggT}(a, b) = \prod p_i^{\min(k_i, \ell_i)}$.

Nützliche Regeln sind: Seien $a, b \in \mathbb{Z}$, dann gilt

$$\mathrm{ggT}(a, 0) = a,$$
$$\mathrm{ggT}(ca, cb) = c \cdot \mathrm{ggT}(a, b) \quad (c \geq 1),$$
$$t\,|\,a, b \ \Rightarrow \ \mathrm{ggT}(\tfrac{a}{t}, \tfrac{b}{t}) = \tfrac{1}{t}\mathrm{ggT}(a, b) \quad (t \geq 1),$$
$$d = \mathrm{ggT}(a, b) \ \Rightarrow \ \mathrm{ggT}(\tfrac{a}{d}, \tfrac{b}{d}) = 1,$$
$$\mathrm{ggT}(a, b) = a \ \Leftrightarrow \ a\,|\,b,$$
$$\mathrm{ggT}(a, b) = \mathrm{ggT}(a, b + ka) \quad (k \in \mathbb{Z}),$$
$$a\,|\,bc, \mathrm{ggT}(a, b) = 1 \ \Rightarrow \ a\,|\,c\,.$$

C.   Euklidischer Algorithmus

Division mit Rest: *Für $a, b \in \mathbb{Z}$, $b \neq 0$, existieren eindeutige Zahlen q, r, so dass gilt:*

$$a = qb + r \ \mathit{mit} \ 0 \leq r < |b|\,.$$

Iteration ergibt den *Euklidischen Algorithmus* zur Berechnung des größten gemeinsamen Teilers:

$$\begin{aligned}
a &= q_1 b + r_1 & 0 &< r_1 < |b| \\
b &= q_2 r_1 + r_2 & 0 &< r_2 < r_1 \\
&\ \ \vdots \\
r_{k-2} &= q_k r_{k-1} + r_k & 0 &< r_k < r_{k-1} \\
r_{k-1} &= q_{k+1} r_k + 0
\end{aligned}$$

mit $0 = r_{k+1} < r_k < \cdots < r_1 < |b|$. Dann gilt $r_k = \mathrm{ggT}(a, b)$.

Setzt man $r_k = r_{k-2} - q_k r_{k-1}$ und folgt der Iteration rückwärts, so erhält man die, manchmal *Erweiterter Euklidischer Algorithmus* genannte, Aussage:

Satz. *Ist $d = \mathrm{ggT}(a, b)$, so existieren $k, \ell \in \mathbb{Z}$ mit $d = ka + \ell b$.*

D. Algebraische Strukturen

Gruppen. Eine *Gruppe* ist eine Menge G mit einer Verknüpfung $\circ : G \times G \to G$, so dass für alle $a, b, c \in G$ gilt:

$$a \circ b \in G \qquad \text{(Vollständigkeit)}$$
$$(a \circ b) \circ c = a \circ (b \circ c) \qquad \text{(Assoziativgesetz)}$$
$$\exists e \in G \text{ mit } a \circ e = e \circ a \qquad \text{(Neutrales Element)}$$
$$\exists a^{-1} \in G \text{ mit } a \circ a^{-1} = a^{-1} \circ a = e \qquad \text{(Inverses Element)}.$$

G heißt *abelsche* (oder *kommutative*) Gruppe, falls $a \circ b = b \circ a$ für alle $a, b \in G$ gilt.

Beispiele sind $(\mathbb{Z}, +)$, $(\mathbb{Q}, +)$, $(\mathbb{R}, +)$, $(\mathbb{C}, +)$ bzw. $(\mathbb{Q} \setminus \{0\}, \times)$, $(\mathbb{R} \setminus \{0\}, \times)$.

Eine *Untergruppe H* von G, in Zeichen $H \leq G$, ist eine nichtleere Untermenge, die mit der Verknüpfung von G selbst Gruppe ist.

Beispiel: $(\mathbb{Z}, +) \leq (\mathbb{Q}, +) \leq (\mathbb{R}, +) \leq (\mathbb{C}, +)$.

Ist $H \leq G$, so heißen die Mengen $aH = \{ax : x \in H\}$ $(a \in G)$ *Nebenklassen* von G nach H. Zwei Nebenklassen aH, bH sind entweder identisch $aH = bH$ $(\Leftrightarrow ab^{-1} \in H)$ oder disjunkt $aH \cap bH = \emptyset$ $(\Leftrightarrow ab^{-1} \notin H)$. Die verschiedenen Nebenklassen bilden somit eine Partition von G. Die Nebenklassen sind alle gleich groß $|aH| = |bH| = |H|$. Daraus folgt der wichtige

Satz. *Ist G endlich, $H \leq G$, so ist $|H|$ ein Teiler von $|G|$.*

Ringe. Ein *Ring* $(R, +, \cdot)$ hat zwei assoziative Verknüpfungen, so dass gilt:

$$(R, +) \text{ ist abelsche Gruppe}$$
$$a(b + c) = ab + ac, \ (a + b)c = ac + bc \quad \text{(Distributivgesetze)}.$$

R ist *kommutativ*, falls $ab = ba$ für alle a, b gilt. Die neutralen Elemente werden mit 0 bzw. 1 bezeichnet.

Ein *Integritätsbereich* ist ein kommutativer Ring $(R, +, \cdot)$ mit Einselement ohne Nullteiler, das heißt

$$a \cdot b = 0 \ \Rightarrow \ a = 0 \text{ oder } b = 0.$$

Beispiele sind $\mathbb{Z}, \mathbb{Q}, \mathbb{R}$ und der Polynomring $\mathbb{R}[x]$.

Ein *Ideal $I \subseteq R$* in einem Ring ist eine Untermenge, so dass gilt

$$(I, +) \text{ ist Untergruppe von } (R, +)$$
$$r \in R, a \in I \ \Rightarrow \ ra \in I.$$

Beispiel: Alle Mengen $\langle a \rangle := \{ra : r \in R\}$ sind Ideale, genannt *Hauptideale*.

Körper. Ein *Körper* $(K, +, \cdot)$ ist ein Integritätsbereich, in dem auch $K^\times = (K \setminus \{0\}, \cdot)$ Gruppe ist (d.h. jedes $a \neq 0$ hat ein multiplikatives Inverses). Beispiele sind die üblichen Zahlbereiche $\mathbb{Q} \subseteq \mathbb{R} \subseteq \mathbb{C}$.

Wichtige Tatsache: Ein Polynom n-ten Grades $f(x)$ über einem Körper K hat in K höchstens n Nullstellen, und für jede Nullstelle α gilt

$$x - \alpha \big| f(x), \text{ das heißt } f(x) = (x - \alpha)g(x).$$

Hat $f(x) = \sum_{i=0}^{n} c_i x^i$ die Nullstellen $\alpha_1, \ldots, \alpha_n$ (mit Vielfachheiten), so ist daher

$$f(x) = c_n(x - \alpha_1) \cdots (x - \alpha_n).$$

E.   Kongruenzrechnung

Die Kongruenzrelation ist fundamental für die gesamte Zahlentheorie. Sei $m \in \mathbb{N}$ gegeben, $a, b \in \mathbb{Z}$. Wir sagen, a ist *kongruent zu* b *modulo* m, in Zeichen $a \equiv b$ (mod m), falls $m \big| a - b$ gilt.

Wichtige Tatsache:

$$a \equiv b \pmod{m} \Rightarrow \mathrm{ggT}(a, m) = \mathrm{ggT}(b, m).$$

Für jedes $m \in \mathbb{N}$ ist $\equiv$ eine Äquivalenzrelation auf $\mathbb{Z}$ mit genau m Äquivalenzklassen, genannt *Restklassen* (oder Kongruenzklassen). Sei $a = qm + r$, $0 \leq r < m$, Division mit Rest, so gilt

$$a \equiv r \pmod{m}.$$

Insbesondere haben wir: $m | a \Leftrightarrow a \equiv 0 \pmod{m}$.

Die Menge $[a] := \{b \in \mathbb{Z} : a \equiv b \pmod{m}\}$ ist die Restklasse von a; $[a]$ ist *prime Restklasse* bzw. a ist *primer Rest* modulo m, falls $\mathrm{ggT}(a, m) = 1$ ist.

Beispiel: Sei $m = 2$, dann ist $[0]$ die Restklasse aller geraden Zahlen, $[1]$ die Restklasse aller ungeraden Zahlen.

Die Gesamtzahl der Restklassen modulo m ist demnach m. Das *Standard-Vertreter-system* ist $0, 1, \ldots, m-1$. Die Anzahl der primen Restklassen ist gleich der *Eulerschen φ-Funktion*

$$\varphi(m) = \#\{k : 1 \leq k \leq m, \mathrm{ggT}(k, m) = 1\}.$$

Offenbar gilt für $n \geq 2$, $\varphi(n) = n - 1 \Leftrightarrow n \in \mathbb{P}$.

Das Rechnen mit Kongruenzen ist deswegen so nützlich, weil die Relation $\equiv$ mit den arithmetischen Operationen $+, -, \cdot$ verträglich ist. Das heißt:

$$a \equiv a', \ b \equiv b' \ (\mathrm{mod}\ m) \ \Rightarrow \ a \pm b \equiv a' \pm b' \ (\mathrm{mod}\ m)$$
$$a \equiv a', \ b \equiv b' \ (\mathrm{mod}\ m) \ \Rightarrow \ ab \equiv a'b' \ (\mathrm{mod}\ m).$$

Die Verknüpfungen auf den Restklassen

$$[a] + [b] \ := \ [a + b]$$
$$[a] \cdot [b] \ := \ [ab]$$

sind daher unabhängig von den Repräsentanten der Restklassen. Wir erhalten somit einen kommutativen Ring mit 1-Element $\mathbb{Z}_m$, genannt *Restklassenring modulo m*, mit $[0], [1]$ als neutralen Elementen.

Beispiel. Sei $m = a_t a_{t-1} \cdots a_0$ in Dezimalstellung gegeben, also $m = \sum_{i=0}^{t} a_i 10^i$. Aus $10 \equiv 1 \ (\mathrm{mod}\ 9)$ folgt $10^i \equiv 1 \ (\mathrm{mod}\ 9)$ für alle i, somit $m \equiv \sum_{i=0}^{t} a_i \ (\mathrm{mod}\ 9)$. Wir erhalten daraus die 9'er Probe: 9 teilt $m \Leftrightarrow$ 9 teilt die Quersumme $\sum_{i=0}^{t} a_i$.

Das Produkt von primen Resten mod m ist wieder primer Rest. Ist a primer Rest mod m, $\mathrm{ggT}(a, m) = 1$, so gibt es nach dem erweiterten Euklidischen Algorithmus $b, \ell \in \mathbb{Z}$ mit $ba + \ell m = 1$. Es folgt $ba \equiv 1 \ (\mathrm{mod}\ m)$, also besitzt jede prime Restklasse $[a]$ ein multiplikatives Inverses $[b] = [a]^{-1}$. Wir erhalten somit:

Satz. *Die Menge $\mathbb{Z}_m^* = \{[a] : \mathrm{ggT}(a, m) = 1\}$ bildet mit Multiplikation eine abelsche Gruppe mit $|\mathbb{Z}_m^*| = \varphi(m)$. $\mathbb{Z}_m^*$ heißt die Gruppe der primen Reste modulo m.*

Beispiel. $m = 36$, dann ist $\varphi(36) = 12$ mit $\mathbb{Z}_{36}^* = \{1, 5, 7, 11, 13, 17, 19, 23, 25, 29, 31, 35\}$, wobei die Klammern bei den Restklassen weggelassen sind. Als Beispiel haben wir $[5] \cdot [13] = [65] = [29]$.

Der Ring $\mathbb{Z}_m$ ist Integritätsbereich (nullteilerfrei) genau für die Primzahlen $m = p \in \mathbb{P}$. In diesem Fall ist $\mathbb{Z}_p$ ein Körper.

Lösungen der Übungen

Kapitel 1

1. Die Formel folgt durch Anwendung des Binomialsatzes auf $(1 + \sqrt{5})^n$ bzw. $(1 - \sqrt{5})^n$.

2. Induktion zeigt, dass $\frac{F_n}{F_{n-1}} - \frac{F_{n+2}}{F_{n+1}}$ abwechselnd positiv und negativ ist.

3. O.B.d.A. $m, k > 1$. Aus $m^2 - mk - k^2 = 1$ folgt $k < m < 2k$ und $k^2 - k(m-k) - (m-k)^2 = -1$. Nun fährt man mit $\{k, m - k\}$ fort.

4. Induktion nach m.

5. Sei $d = \mathrm{ggT}(m, n)$, dann folgt $F_d \big| \mathrm{ggT}(F_m, F_n) =: D$ aus Satz 1.1. Sei umgekehrt $n = q_1 m + r_1$, $0 \leq r_1 < m$, $m = q_2 r_1 + r_2, \ldots, r_{\ell-1} = q_{\ell+1} d$. Nach (5) ist $D \big| F_{n-m}, D \big| F_{n-2m}, \ldots,$ $D \big| F_{n-q_1 m} = F_{r_1}$, daraus $D \big| F_{r_2}, \ldots, D \big| F_d$.

6. Nimm $k_1 = \max$ mit $F_{k_1} \leq n$, dann betrachte die Differenz $n - F_{k_1}$. Die Eindeutigkeit sieht man analog.

7. $L_n F_n = F_{n+1} F_n + F_{n-1} F_n$ und daher $L_n F_n = F_{2n}$ nach (4). Einsetzen in (1) ergibt $L_n = \tau^n + \rho^n$.

8. Induktion nach n.

9. $\binom{n}{k} = p \in \mathbb{P} \Leftrightarrow n(n-1)\cdots(n-k+1) = k(k-1)\cdots 2 \cdot p$. Daraus folgt $n = p$, also sind $n = p$, $k = 1$, $p - 1$ die einzigen Möglichkeiten.

10. Einsetzen von $\binom{n}{k} = \frac{n}{k}\binom{n-1}{k-1}$ ergibt die Rekursion $a_n = 1 + \frac{n+1}{2n} a_{n-1}$. Die Ungleichung $a_n > 2 + \frac{2}{n}$ zeigt man mit Induktion, also $\frac{n}{2n+2} a_n > 1$. Daraus folgt $a_{n+1} - a_n = -\frac{n}{2n+2} a_n + 1 < 0$. Der Grenzwert ist daher 2.

11. Sei $\alpha = 3 + 2\sqrt{2}$, $\overline{\alpha} = 3 - 2\sqrt{2}$, dann ist $\alpha \overline{\alpha} = 1$. Nach dem Hinweis ist $\alpha^n \overline{\alpha}^n = 1$, also $(x_n + y_n \sqrt{2})(x_n - y_n \sqrt{2}) = x_n^2 - 2 y_n^2 = 1$.

12. Nach Satz 1.3 gilt $\binom{n}{k} \equiv 1 \pmod 2 \Leftrightarrow \binom{n(i)}{k(i)} \equiv 1 \pmod 2$ für alle i. Für $n(i) = 0$ heißt dies $k(i) = 0$, und für $n(i) = 1$ haben wir beide Möglichkeiten $k(i) = 0, 1$. Folgerung: $\binom{n}{k} \equiv 1 \pmod 2$ für alle $k \Leftrightarrow n = 2^m - 1$.

13.   Aus $\frac{n}{p^k} = \sum_{i \geq k} n(i)p^{i-k} + (n(k-1)p^{-1} + \cdots + n(0)p^{-k})$ folgt $e_p(n!) = \sum_{i \geq 1} n(i)(p^{i-1} + p^{i-2} + \cdots + 1) = \sum_{i \geq 0} n(i)\frac{p^i - 1}{p-1} = (n - \sum_{i \geq 0} n(i))/(p-1)$.

14.   Setze $\sqrt{n} = \frac{p}{q}$ mit $\mathrm{ggT}(p,q) = 1$, somit $nq^2 = p^2$, $n = p^2$, $q = 1$.

15.   Der Binomialsatz ergibt $(1 + \sqrt{3})^{2n+1} + (1 - \sqrt{3})^{2n+1} = 2 \sum_{i \geq 0} \binom{2n+1}{2i} 3^i$. Nun gleichzeitige Induktion für $2^n \big| \sum_{i \geq 0} \binom{2n+1}{2i} 3^i$, $\sum_{i \geq 0} \binom{2n+1}{2i+1} 3^i$.

16.   Aus $\alpha = \frac{r}{s} \in \mathbb{Q}$ folgt $0 < |b_n r - a_n s| \leq s c_n$ $(n \in \mathbb{N})$. Wegen $c_n \to 0$ für eine Teilfolge existiert $c_m < \frac{1}{s}$, $0 < |b_m r - a_m s| < 1$, Widerspruch.

17.   Setze $\frac{a_n}{b_n} = \sum_{k=1}^n (p_1 \cdots p_k)^{-1}$ mit $b_n = p_1 \cdots p_n$. Dann ist $0 < |b_n \alpha - a_n| = \frac{1}{p_{n+1}} + \frac{1}{p_{n+1} p_{n+2}} + \cdots < \frac{1}{p_{n+1}} + \frac{1}{p_{n+1}^2} + \cdots = \frac{1}{p_{n+1} - 1} \to 0$.

18.   Die Rekursion ist äquivalent zu $d_n^2/d_{n+1}^2 = 2 + d_{n-1}/d_n$. Sei $x_n = \cos \frac{2\pi}{2^n}$, $y_n = \sin \frac{2\pi}{2^n}$, also $d_n^2 = (x_n - 1)^2 + y_n^2 = 2 - 2x_n$. Aus $\cos(2\alpha) = 2\cos^2 \alpha - 1$ folgt $x_n = 2x_{n+1}^2 - 1$, $d_n^2 = 4 - 4x_{n+1}^2$, somit $\frac{d_n^2}{d_{n+1}^2} = \frac{4(1 - x_{n+1}^2)}{2(1 - x_{n+1})} = 2(1 + x_{n+1}) = 2 + 2\sqrt{\frac{x_n + 1}{2}} = 2 + \sqrt{2(x_n + 1)} = 2 + \frac{d_{n-1}}{d_n}$.

19.   Die Folge $a_k = \sqrt{n + \cdots}$ mit k Wurzeln ist monoton steigend mit $a_k \leq n$ für alle k. Aus $a_{k+1}^2 = n + a_k$ folgt für $\alpha = \lim a_k$, $\alpha = \frac{1 + \sqrt{4n+1}}{2}$. Also $\alpha \in \mathbb{N} \Leftrightarrow 4n + 1 = (2s + 1)^2 \Leftrightarrow n = s(s+1)$ für $s \in \mathbb{N}$.

20.   Es ist keine vernünftige Folge definiert.

Kapitel 2

21.   Falls nur endlich viele $p_1, \ldots, p_n$ existieren, betrachte $N = 4p_1 \cdots p_n - 1$.

22.   Wenn $p_1 p_2 \cdots p_t + 1 = 2^k 3^\ell 5^m$, dann ist $k = \ell = 0$ wegen $p_1 = 2$, $p_2 = 3$, also $2 \cdot 3 \cdots p_t = 5^m - 1 \equiv 0 \pmod 4$. Aber die linke Seite ist nur durch 2 teilbar.

23.   a. $a^m - 1 = (a^d - 1)(a^{m-d} + a^{m-2d} + \cdots + 1)$, b. $a^m + 1 = (a^d + 1)(a^{m-d} - a^{m-2d} + a^{m-3d} \mp \cdots + 1)$. c. $m \in \mathbb{P}$ folgt aus a). Wegen $a^m - 1 = (a - 1)(a^{m-1} + \cdots + 1)$ ist $a = 2$. d. Falls $m = pr$, $p \in \mathbb{P}$, $p \geq 3$ ist, dann gilt $a^r + 1 | a^m + 1$ nach b), also $m = 2^n$. Beispiel: $6^2 + 1 \in \mathbb{P}$.

24. $a^i = a^j \Leftrightarrow a^{i-j} = 1 \Leftrightarrow \mathrm{ord}(a) \big| i - j$.

25. $a^{2^n} \equiv -1 \pmod p \Rightarrow \mathrm{ord}(a) = 2^{n+1}$ in $\mathbb{Z}_p^* \Rightarrow 2^{n+1} | p - 1 \Rightarrow p \equiv 1 \pmod{2^{n+1}}$. Angenommen, es gibt nur endlich viele $p_1, \ldots, p_t$, dann betrachte $a = p_1 \cdots p_t$ und $q \in \mathbb{P}$ mit $q | a^{2^{n-1}} + 1$.

26.   Sei $\ell = \text{ord}(a^k)$, dann ist $(a^k)^{n/(n,k)} = (a^n)^{k/(n,k)} = 1$, $\ell \big| \frac{n}{(n,k)}$. Umgekehrt $a^{k\ell} = 1 \Rightarrow$ $n|k\ell \Rightarrow \frac{n}{(n,k)}\big|\ell \Rightarrow \ell = \frac{n}{(n,k)}$.

27.   Aus $2m+1 \nmid abc$ folgt $a^m, b^m, c^m \equiv \pm 1 \pmod{2m+1}$, also $a^m + b^m \equiv 0, \pm 2 \pmod{2m+1}$, $c^m \equiv \pm 1 \pmod{2m+1}$, Widerspruch. Analog die andere Behauptung.

28.   Sei $p \geq 3$. Nach Fermat sind alle $a \in \mathbb{Z}_p^*$ Nullstellen des Polynoms $x^{p-1} - 1$, also $x^{p-1} - 1 \equiv \prod_{i=1}^{p-1}(x - i) \pmod{p}$. Nun setze $x = 0$. Umkehrung: $(n - 1)! \equiv -1 \pmod{n}$ impliziert $((n - 1)!, n) = 1$, also $n \in \mathbb{P}$.

29.   Für $n \geq 3$ gilt $(k, n) = 1 \Leftrightarrow (n - k, n) = 1$, $(\frac{n}{2}, n) \neq 1$.

30.   Sei $n = p_1^{k_1} \cdots p_t^{k_t}$, $\varphi(n) = p_1^{k_1-1}(p_1 - 1) \cdots p_t^{k_t-1}(p_t - 1) = 12 = 2 \cdot 2 \cdot 3$. Es folgt $t \leq 3$ mit $n \in \{13, 21, 28, 36, 42\}$.

31.   Sei $q \big| 2^p - 1$, das heißt $2^p \equiv 1 \pmod{q}$. Dies bedeutet $\text{ord}_q(2) = p$, $p\big|q - 1$, und da q ungerade ist, $q \equiv 1 \pmod{2p}$.

32.   Sei g Primitivwurzel mod n, dann ist g^k $PW \Leftrightarrow (k, \varphi(n)) = 1$, also $\prod_{aPW} a = g^s$ mit $s = \varphi(n)\frac{\varphi(\varphi(n))}{2}$, wobei $\varphi(\varphi(n))$ gerade ist wegen $\varphi(n) \geq 3$. Es folgt $g^s = 1$.

33.   2 ist Primitivwurzel in $\mathbb{Z}_{3^a}^*$ wegen $2^2 = 1 + 3$. Aus $2^b \equiv -1 \pmod{3^a}$ folgt $\text{ord}_{3^a}(2) = 2 \cdot 3^{a-1}\big|2b$, $3^{a-1}\big|b$, also $3^{a-1} \leq b$, $3^a \leq 3b$, $2^b = 3^a - 1 \leq 3b - 1$. Daraus resultiert $b = 3$, $a = 2$.

34.   Unmittelbar aus Satz 2.9.

35.   Euler Kriterium 2.9.

36.   Ist a QR, so gilt $a^{\frac{q-1}{2}} \equiv 1 \pmod{q}$, also können nur Nichtreste Primitivwurzeln sein. Nun ist $\#PW$ in $\mathbb{Z}_q^* = \varphi(q-1) = \varphi(2p) = p - 1 = \frac{q-1}{2} - 1$, und -1 ist keine Primitivwurzel.

37.   Aus $2 \cdot k < \frac{p}{2} \Leftrightarrow k < \frac{p}{4}$ folgt $(\frac{2}{p}) = (-1)^s$ mit $s = \frac{p-1}{2} - \lfloor\frac{p}{4}\rfloor = \lceil\frac{p-2}{4}\rceil$. Fallunterscheidung mod 8 ergibt das Resultat.

38.   Laut Übung 31 ist $p\big|\frac{q-1}{2}$, $\text{ord}_q(2) = p$, also $2^{\frac{q-1}{2}} \equiv 1 \pmod{q}$. Eulers Kriterium besagt, dass 2 QR mod q ist, somit $q \equiv \pm 1 \pmod{8}$ nach der vorhergehenden Übung.

39.   Sei $h = \text{ord}_q(2)$, dann folgt $h = 2^{n+1}$ wegen $2^{2^n} \equiv -1 \pmod{q}$. Somit $2^{n+1}\big|q - 1$, also $8|q - 1$, und daher $(\frac{2}{q}) = 1$, $2 \equiv a^2 \pmod{q}$. Daraus erhält man $\text{ord}_q(a) = 2^{n+2}$, $2^{n+2}\big|q - 1$, also $q \equiv 1 \pmod{2^{n+2}}$.

40.   Wir haben $2p+1 \equiv 7 \pmod{8}$, also $(\frac{2}{2p+1}) = 1$, somit nach Satz 2.9 $2^p \equiv 1 \pmod{2p+1}$, das heißt $2p + 1\big|2^p - 1 = M(p)$.

41.   a. $p \equiv 1 \pmod{4}$ ergibt $(\frac{3}{p}) = (\frac{p}{3}) = 1 \Leftrightarrow p \equiv 1 \pmod{3}$ also $p \equiv 1 \pmod{12}$, analog $p \equiv -1 \pmod{12}$, falls $p \equiv 3 \pmod{4}$ ist. $M(p) = 2^p - 1 \equiv 7 \pmod{12}$, also $(\frac{3}{M(p)}) = -1$, $p \geq 3$. b. Geht analog.

42. $(\frac{-5}{p}) = (\frac{-1}{p})(\frac{5}{p}) = (\frac{-1}{p})(\frac{p}{5}) = 1 \Leftrightarrow p \equiv 1 \pmod 4$, $p \equiv 1,4 \pmod 5$ oder $p \equiv 3$ $\pmod 4$, $p \equiv 2,3 \pmod 5$, nun Chinesischer Restsatz.

43. $p = 16^m + 1 \equiv 2^m + 1 \pmod 7$, $2^m \equiv 1,2,4 \pmod 7$ und $2^m \equiv 1 \pmod 7 \Leftrightarrow m \equiv 0$ $\pmod 3$. Für $m \equiv 0 \pmod 3$ ist aber $2^{4m} + 1 = (2^{4\frac{m}{3}})^3 + 1 \notin \mathbb{P}$ (Übung 23). Es folgt a), b), da $(\frac{3}{7}) = (\frac{5}{7}) = -1$ ist. c. $7^{\frac{p-1}{2}} = 7^{2^{4m-1}} \equiv -1 \pmod p$ aus Satz 2.9, und daraus $\mathrm{ord}_p(7) = 2^{4m} = p - 1$.

44. $(\frac{123}{917}) = 1$.

45. Für $p \equiv 1 \pmod 6$ betrachte $N = (q_1 \cdots q_t)^2 + 12$. Für $p|N$ ist $(\frac{-12}{p}) = 1, (\frac{-12}{p}) = (\frac{-3}{p}) = 1 \Rightarrow p \equiv 1 \pmod 3$ nach Übung 41, also $p \equiv 1 \pmod 6$, $p \neq q_i$. Für $p \equiv 5 \pmod 6$ nimm $N = 6q_1 \cdots q_t + 5$.

46. Wenn $n \notin \mathbb{P}$ ist, so auch $n' = 2^n - 1 \notin \mathbb{P}$ (Übung 23). Aus $n\big|2^{n-1} - 1$ folgt $n\big|2^n - 2 = n' - 1$, $n' = 2^n - 1\big|2^{n'-1} - 1$.

47. Keine Primzahl, $1111 = 11 \cdot 101$.

48. Angenommen $n = pq$ ist Carmichael Zahl, $p < q$. Dann ist $n - 1 = pq - 1 = p(q-1) + (p-1) \equiv p - 1 \pmod{q-1}$, aber $q - 1 \nmid p - 1$, Widerspruch.

49. $1105 = 5 \cdot 13 \cdot 17$, $2465 = 5 \cdot 17 \cdot 29$ sind Carmichael Zahlen, 645, 1387 nicht.

50. Verifiziere die Bedingungen in Satz 2.18.

51. Eine Richtung ist klar, und falls $\mathrm{ord}(g) = p_1^{\ell_1} \cdots p_t^{\ell_t}$ und $\ell_i < k_i$, dann ist $g^{\frac{m}{p_i}} = 1$.

52. $3^2 \equiv 9 \pmod{257}$, $3^4 \equiv 81, 3^8 \equiv 136, 3^{16} \equiv -8, 3^{32} \equiv 64, 3^{64} \equiv -16, 3^{128} \equiv 256 \equiv -1 \pmod{257} \Rightarrow F(3) = 2^8 + 1 = 257 \in \mathbb{P}$.

53. Sei $p \in \mathbb{P}$, $n = 2p + 1\big|2^p - 1$. Wir haben $n - 1 = 2p$. Satz 2.19 funktioniert mit $b = -1$ für die Primzahl 2 und $b = 2$ für p.

54. Wir haben $g^{jk} = 1$ $(1 \leq j \leq m) \Leftrightarrow m\big|jk \Leftrightarrow \frac{m}{(m,k)}\big|j\frac{k}{(m,k)} \Leftrightarrow \frac{m}{(m,k)}\big|j$, und dies gilt für $j = \frac{m}{(m,k)}, 2\frac{m}{(m,k)}, \ldots, (m,k)\frac{m}{(m,k)}$.

55. Mit $n - 1 = 2^s d$, $p_i - 1 = 2^{s_i} d_i$, $s_1 = \min s_i$ haben wir $\frac{A}{n-1} \leq \frac{a_1 \cdots a_t}{d_1 \cdots d_t} \frac{1 + \sum_{r=0}^{s_1 - 1}(2^t)^r}{2^{s_1 + \cdots + s_t}} \leq$ $\frac{1 + (2^{ts_1} - 1)/(2^t - 1)}{2^{ts_1}} = \frac{2^t - 2 + 2^{ts_1}}{(2^t - 1)2^{ts_1}} \leq \frac{2^t - 2}{(2^t - 1)2^t} + \frac{1}{2^t - 1} = \frac{2^{t+1} - 2}{(2^t - 1)2^t} = \frac{1}{2^{t-1}} \leq \frac{1}{4}$ wegen $t \geq 3$.

56. Die Miller-Rabin Nicht-Zeugen sind $1, 14 \equiv -1$, also $A = 2 = \frac{8}{4} = \frac{|\mathbb{Z}_{15}^*|}{4}$.

57. $\pi(p_r) = r < B\frac{p_r}{\log p_r} \leq B\frac{p_r}{\log r}$ impliziert $p_r > \frac{r}{B}\log r$. Analog $p_r < \frac{1}{A}r\log p_r$. Für $r \geq r_0$ ist $(\log p_r)/\sqrt{p_r} < A$, also $\sqrt{p_r} < r$, und es folgt $p_r < \frac{2}{A}r\log r$. Die kleineren Primzahlen $p_1, \ldots, p_{r_0 - 1}$ gibt man in die Konstante.

58. Die Zahlen $2^{2^0}+1 < \cdots < 2^{2^n}+1$ sind relativ prim, also $p_{n+1} \le 2^{2^n}+1$. Sei $2^{2^{n-1}}+1 \le x \le 2^{2^n}$, dann ist $\log\log x \le n\log 2 + \log\log 2 < n\log 2 < n \le \pi(x)$.

59. Sei $f(j) = p \in \mathbb{P}$, dann ist $f(j+kp)-f(j)$ durch p teilbar für alle k. Wenn $f(j+kp) = p$ für unendlich viele k gilt, so muss f eine Konstante sein, also $f(j+kp) \notin \mathbb{P}$ für alle bis auf endlich viele k.

60. Zwei Folgen sind $(5,11,17,23,29),(5,17,29,41,53)$.

Kapitel 3

61. Sei $m = |q\alpha - p| > 0$ das Minimum. Für $N > \frac{1}{m}$ existiert $\frac{p'}{q'}$ mit $\left|\alpha - \frac{p'}{q'}\right| < \frac{1}{Nq'}$, also $|q'\alpha - p'| < \frac{1}{N} < m$, Widerspruch.

62. Sei $\alpha = \frac{r}{s}$. Aus $0 < \left|\frac{r}{s} - \frac{p}{q}\right| < \frac{1}{q^2}$ folgt $1 \le |rq - ps| < \frac{s}{q}$ also $q < s$, und zu jedem q gibt es nur endlich viele p.

63. Wir haben $q_{n+1} = a_{n+1}q_n + q_{n-1}$, also mit Induktion $\frac{q_{n+1}}{q_n} = a_{n+1} + \frac{q_{n-1}}{q_n} = [a_{n+1}, [\frac{q_n}{q_{n-1}}]] = [a_{n+1}, a_n, \ldots, a_2]$. Analog gilt $\frac{p_n}{p_{n-1}} = [a_n, \ldots, a_1]$ $(n \ge 1)$.

64. $\frac{F_{n+1}}{F_n} = [1, 1, \ldots, 1]$ mit n Einsen.

65. Setze $\alpha_i = [a_i, \ldots, a_m]$, dann ist $\alpha_m = a_m > 1$, $\alpha_i = a_i + \frac{1}{\alpha_{i+1}}$, $a_i = \lfloor \alpha_i \rfloor$, analog $\beta_i = [b_i, \ldots, b_n]$, $b_i = \lfloor \beta_i \rfloor$. Es gilt $\alpha_1 = \beta_1$ und aus $\alpha_i = a_i + \frac{1}{\alpha_{i+1}} = \beta_i = b_i + \frac{1}{\beta_{i+1}}$ mit Induktion $\alpha_i = \beta_i$ für alle i, insbesondere $\alpha_m = \beta_m = a_m = b_m$, $m = n$. Der Rest ist leicht.

66. Rekursion (1) in Abschnitt 3.2 angewandt auf p_i, q_i ergibt 3) und damit 4). Behauptung 5) folgt aus 1), und zu 6) haben wir $q_i = a_i q_{i-1} + q_{i-2} \ge q_{i-1} + q_{i-2} > q_{i-1}$ für $i \ge 3$.

67. Hilfssatz 3.3(4) ergibt $r_{2i+1} - r_{2i-1} > 0$, $r_{2i} - r_{2i-2} < 0$. Wäre $r_{2j} \le r_{2i-1}$, dann ergibt Hilfssatz 3.3(2) $r_{2j-1} < r_{2j} \le r_{2i-1} < r_{2i}$. Nach Teil 1) folgt $i < j$ aus $r_{2j} < r_{2i}$, aber $i > j$ aus $r_{2j-1} < r_{2i-1}$, Widerspruch. Der Limes existiert wegen $r_{2i} - r_{2i-1} = \frac{1}{q_{2i}q_{2i-1}} \to 0$ (Hilfssatz 3.3(6)).

68. Nach dem Satz ist $a_1 = \lfloor \alpha \rfloor = b_1$, $\alpha = a_1 + \frac{1}{\alpha_1} = b_1 + \frac{1}{\beta_1}$, $\alpha_2 = [a_2, a_3, \ldots] = [b_2, b_3, \ldots] = \beta_2$, usf.

69. Sei $a_2 > 1$; $a_1 < \alpha < a_1 + 1$ impliziert $-a_1 - 1 < -\alpha < -a_1$, $b_1 = \lfloor -\alpha \rfloor = -a_1 - 1$, $\beta_2 = \frac{1}{-\alpha - b_1} = \frac{1}{-\alpha + a_1 + 1}$. Nun ist $a_2 < \frac{1}{\alpha - a_1} < a_2 + 1 \Rightarrow -\frac{1}{a_2} < -\alpha + a_1 < -\frac{1}{a_2+1} \Rightarrow -\frac{1}{a_2} + 1 < -\alpha + a_1 + 1 < -\frac{1}{a_2+1} + 1 \Rightarrow \frac{a_2-1}{a_2} < -\alpha + a_1 + 1 < \frac{a_2}{a_2+1} \Rightarrow \frac{a_2+1}{a_2} < \beta_2 < \frac{a_2}{a_2-1} \Rightarrow b_2 = \lfloor \beta_2 \rfloor = 1$ da $\frac{a_2}{a_2-1} \le 2$ ist wegen $a_2 > 1$. Analog sieht man den Rest.

70. $\sqrt{3} = [1, 1, 2, 1, 2, 1, 2, \dots]$.

71. $[2, 1, 1, 1, \dots] = \frac{3+\sqrt{5}}{2}$, $[2, 3, 1, 1, 1, \dots] = \frac{25-\sqrt{5}}{10}$, $[2, 1, 2, 1, 2, 1, \dots] = \sqrt{3} + 1$.

72. Induktion ergibt $\alpha < \beta \Leftrightarrow [a_1, [a_2, \dots, a_{n-1}, \alpha_n] < [a_1, [a_2, \dots, a_{n-1}, \beta_n]] \Leftrightarrow [a_2, \dots, a_{n-1}, \alpha_n] > [a_2, \dots, a_{n-1}, \beta_n] \Leftrightarrow (-1)^{n-1}\alpha_n < (-1)^{n-1}\beta_n \Leftrightarrow (-1)^{n-1}a_n < (-1)^{n-1}b_n$, da offenbar $\alpha_n < \beta_n \Leftrightarrow a_n < b_n$. $[1, 2, 1, 2, \dots] = (1+\sqrt{3})/2$ und $[2, 1, 2, 1, \dots] = 1 + \sqrt{3}$ sind daher Minimum und Maximum in der Folgerung.

73. Angenommen dies ist falsch, dann ist $\left|\frac{p_{j-1}}{q_{j-1}} - \frac{p_j}{q_j}\right| = \frac{1}{q_{j-1}q_j} = \left|\alpha - \frac{p_{j-1}}{q_{j-1}}\right| + \left|\alpha - \frac{p_j}{q_j}\right| \geq \frac{1}{2}\left(\frac{1}{q_{j-1}^2} + \frac{1}{q_j^2}\right)$, also $\frac{q_j}{q_{j-1}} + \frac{q_{j-1}}{q_j} \leq 2$. Da $x + x^{-1} \leq 2 \Leftrightarrow x^2 - 2x + 1 \leq 0 \Leftrightarrow (x-1)^2 \leq 0$ $(x \geq 0)$, folgt $q_j = q_{j-1}$, $j = 2$, $q_1 = 1$, und $|\alpha - p_1| = \frac{1}{2}$, aber $\alpha \notin \mathbb{Q}$.

74. Allgemein gilt $\left|\alpha - \frac{p_n}{q_n}\right| = \frac{1}{q_n^2(\alpha_{n+1}+q_{n-1}/q_n)} < \frac{c}{q_n^2} \Leftrightarrow \frac{1}{c} < \alpha_{n+1} + \frac{q_{n-1}}{q_n}$. Hier ist $\alpha_{n+1} = \tau$ für alle n, also $\frac{1}{c} \leq \lim(\tau + \frac{q_{n-1}}{q_n}) = \tau + \tau^{-1} = \sqrt{5}$, somit $c \geq \frac{1}{\sqrt{5}}$.

75. Koeffizientenvergleich wie im Hinweis.

76. $\frac{p_{10}}{q_{10}} = \frac{1457}{536}$, $\frac{p_9}{q_9} = \frac{1264}{465}$ mit $\left|e - \frac{p_9}{q_9}\right| < \frac{1}{q_9^2} < 10^{-4}$.

77. $\pi = [3, 7, 15, 1, 292, \dots]$, $\frac{p_1}{q_1} = \frac{3}{1}$, $\frac{p_2}{q_2} = \frac{22}{7}$, $\frac{p_3}{q_3} = \frac{333}{106}$, $\frac{p_4}{q_4} = \frac{355}{113}$, $\frac{p_5}{q_5} = \frac{103993}{33102}$.

78. Für $d < 0$ ist $x^2 - dy^2 = -1$ unlösbar und für $x^2 - dy^2 = 1$ sind $x = \pm 1$, $y = 0$ und $x = 0$, $y = \pm 1$ (für $d = -1$) die einzigen Lösungen. $x^2 - m^2y^2 = (x - my)(x + my) = \pm 1$. Für $+1$ ist $x - my = x + my = \pm 1$, also $2my = 0$ mit den Lösungen $x = \pm 1$, $y = 0$. Für -1 ist $m = \pm 1$, $x = 0$, $y = \pm 1$.

79. Ausrechnen.

80. $\sqrt{7} = [2, \overline{1, 1, 1, 4}]$; drei Lösungen sind $(8, 3)$, $(127, 48)$, $(2024, 765)$.

81.

a_i	5	1	1	3	5	3	1	1	10
m_i	0	5	1	4	5	5	4	1	5
s_i	1	6	5	3	2	3	5	6	1

$\sqrt{31} = [5, \overline{1, 1, 3, 5, 3, 1, 1, 10}]$

82. Wir haben $s_{t+1} = 1$, $s_{t+2} = d - m_{t+1}^2 = s_2 = d - a_1^2$, also $m_{t+1} = \pm a_1$, $m_{t+2} = a_{t+1} - m_{t+1} = m_2 = a_1$, somit $a_{t+1} = a_1 + m_{t+1} = 2a_1$, da $a_{t+1} = 0$ nicht geht.

83. Analog zu Übung 11.

84. Aus $1 < a + b\sqrt{d} < x_1 + y_1\sqrt{d}$ folgt $0 < (a + b\sqrt{d})^{-1} = a - b\sqrt{d} < 1$. Mit $\alpha = a + b\sqrt{d}$ ist $a = \frac{1}{2}(\alpha + \overline{\alpha}) > \frac{1}{2}$, also $a > 0$, $b\sqrt{d} = \frac{1}{2}(\alpha - \overline{\alpha}) > 0$, somit $b > 0$.

85. Sei $\alpha = x_1 + y_1\sqrt{d}$, $\alpha_n = \alpha^n = x_n + y_n\sqrt{d}$. Dann ist $\alpha_n\overline{\alpha}_n = (\alpha\overline{\alpha})^n = 1$ (n gerade) und $= -1$ (n ungerade).

Kapitel 4

86. Die Geradengleichung $y = \frac{s}{r}(x+1)$, $\frac{s}{r} \in \mathbb{Q}$, und $x^2 + y^2 = 1$ ergibt $(r^2 + s^2)x^2 + 2s^2 x + s^2 - r^2 = 0$, und daraus $x = (r^2 - s^2)/(r^2 + s^2)$, $y = (2rs)/(r^2 + s^2)$.

87. Da $2rs$ gerade ist, müssen $r^2 - s^2$, $r^2 + s^2$ ungerade sein, also $r \not\equiv s$ (mod 2), und $(r,s) = 1$, $r > s$.

88. Sei $x^2 + y^2 = z^2$, $x = r^2 - s^2$, $y = 2rs$. Da $a^2 \equiv 0,1$ (mod 3) ist, und $1 + 1 \not\equiv 1$ (mod 3) muss x, y oder z Vielfaches von 3 sein. Nach Übung 87 ist $y = 2rs \equiv 0$ (mod 4). Analog ist $a^2 \equiv 0, \pm 1$ (mod 5), und $\pm 1 \pm 1 \not\equiv \pm 1$ (mod 5).

89. Zum Beispiel alle Punkte (m^2, m^3), $m \in \mathbb{Z}$. $\mathcal{C}$ hat eine Spitze, ist also nicht elliptisch.

90. Auflösung ergibt $x = \frac{F(a+c)}{b}$, $y = \frac{2Fx}{b} = ax = \frac{a}{b}F(a+c)$. Wir können $a, b, c > 0$ wählen. Es folgt $y > 0$, $x > F$ wegen $\frac{a+c}{b} > 1$.

91. Sei m^2 minimales Gegenbeispiel, $a^2 + b^2 = c^2$, $ab = 2m^2$, $a = r^2 - s^2$, $b = 2rs$, also $(r-s)(r+s)rs = m^2$, und die Faktoren sind paarweise relativ prim. Somit ist $r = R^2$, $s = S^2$, $r - s = R^2 - S^2 = T^2$, also $r = u^2 + v^2$, $s = 2uv = S^2$, o. B. d. A. $2v = V^2$, $u = U^2$, somit $u^2 + v^2 = R^2$. Daraus resultiert $u = e^2 - f^2$, $v = 2ef$, $R = e^2 + f^2$. Das (u, v, R)-Dreieck hat Flächeninhalt $\frac{uv}{2} = (\frac{S}{2})^2 = \frac{s}{4} < m^2$, Widerspruch.

92. $\lambda = \frac{3 \cdot 4 + 4}{8} = 2$, $y = 2(x - 2) + 4$, also ist $(0,0)$ auf der Tangente. Es ist $P^2 = (0,0)$, $P^3 = (2, -4)$, $P^4 = \infty$, $\text{ord}(P) = 4$.

93. $E(\mathcal{C}) = \{\infty, (0,3), (1,3), (4,2), (2,0), (4,3), (1,2), (0,2)\}$ ist zyklisch mit erzeugendem Element $(0,3)$.

94. a. $E(\mathcal{C}) = \{\infty, (0,5), (0,6), (1,4), (1,7), (3,0), (4,4), (4,7), (5,1), (5,10), (6,4), (6,7), (7,1), (7,10), (9,2), (9,9), (10,1), (10,10)\}$, b. $(3,0)$, c. $(1,4), (1,7)$.

95. $|E(\mathcal{C})| = p + 1 + \sum_x \chi(h(x))$. Aus $h(-x) = -x^3 - ax = (-1)h(x)$ folgt $\chi(h(-x)) = \chi(-1)\chi(h(x)) = -\chi(h(x))$ wegen $p \equiv 3$ (mod 4). Die QR und NR kürzen sich also weg.

96. $2 \leq |E(\mathcal{C})| \leq 10$. $\mathcal{C}_1 : y^2 = x^3 + 2x$ hat die Gruppe $E(\mathcal{C}_1) = \{\infty, (0,0)\}$, $\mathcal{C}_2 : y^2 = x^3 - 2x$ die Gruppe $E(\mathcal{C}_2) = \{\infty, (0,0), (1,2), (1,3), (2,2), (2,3), (3,1), (3,4), (4,1), (4,4)\}$.

97. Es ist $(a^2 + b^2)(c^2 + d^2) = (ac + bd)^2 + (ad - bc)^2$. Sei $n = x^2 + y^2$, $p | n$ mit $p \equiv 3$ (mod 4). Aus $x^2 \equiv -y^2$ (mod p) folgt $p | x$, $p | y$, da ansonsten -1 QR mod p wäre, somit $p^2 | n$. Kürze p und fahre fort.

98. Seien $q_1, \ldots, q_t \equiv 1$ (mod 4), $N = 4 + (q_1 \cdots q_t)^2$. Dann ist $N \equiv 1$ (mod 4), aber N hat keinen Primteiler $p \equiv 3$ (mod 4) nach der vorigen Übung. Also gibt es $q | N$, $q \equiv 1$ (mod 4), $q \neq q_i$.

99. Wir haben $9^2 \equiv -1 \pmod{41}$, und den Kettenbruch $-\frac{9}{41} = [-1,1,3,1,1,4]$. Eine geeignete Konvergente ist $\frac{-1}{5}$ mit $|9 \cdot 5 - 1 \cdot 41| = 4$, also $41 = 5^2 + 4^2$. Analog erhält man $61 = 6^2 + 5^2$.

100. Wenn $n = x^2 + y^2 + z^2$ ist, dann gilt $4n = (2x)^2 + (2y)^2 + (2z)^2$. Es sei umgekehrt $4n = x_1^2 + y_1^2 + z_1^2$. Wir haben $a^2 \equiv 1 \pmod{8}$ für n ungerade, $a^2 \equiv 0, 4 \pmod{8}$ für n gerade. Aus $4n \equiv 0, 4 \pmod{8}$ folgt, dass x_1, y_1, z_1 gerade sind und daher $n = (\frac{x_1}{2})^2 + (\frac{y_1}{2}) + (\frac{z_1}{2})^2$. Da $n = 8k + 7$ nicht Summe von 3 Quadraten ist, gilt dies auch für $n = 4^m(8k + 7)$.

101. Sei $p = x^2 + 14y^2$. Für y gerade ist $p \equiv x^2 \pmod{56}$, für y ungerade ist $p \equiv x^2 + 14 \pmod{56}$. Also kommen in Frage $p \equiv 1, 9, 25 \pmod{56}$ bzw. $p \equiv 15, 23, 39 \pmod{56}$.

102. Sei $g(x, y) = f(\alpha x + \beta y, \gamma x + \delta y) = Ax^2 + Bxy + Cy^2$. Dann haben wir $\overline{f}(-\alpha x + \beta y, \gamma x - \delta y) = \overline{A}x^2 + \overline{B}xy + \overline{C}y^2$ mit $\overline{A} = A$, $\overline{B} = -B$, $\overline{C} = C$ (Formel (2)), also $\overline{g} \sim \overline{f}$.

103. Aus $4ac = b^2$ folgt $ac = (\frac{b}{2})^2$ also $a = A^2$, $c = C^2$, da die Form primitiv ist, $2AC = \pm b$, somit $f(x, y) = A^2 x^2 \pm 2ACxy + C^2 y^2 = (Ax \pm Cy)^2$. Die Form stellt also nur Quadrate dar. Sei umgekehrt $m = k^2$. Da $(A, C) = 1$ ist, existieren x_0, y_0 mit $Ax_0 + Cy_0 = 1$, also $(A(kx_0) + C(ky_0))^2 = m$; b. ist klar; c. $25 = (20)^2 - 6(20)(5) + 9(5)^2$.

104. Analog zu positiv definit.

105. $x^2 + xy + 3y^2$.

106. Nach 4.11 ist $f \sim f_1 = px^2 + bxy + cy^2$, $g \sim g_1 = px^2 + b'xy + c'y^2$. Aus $D_{f_1} = b^2 - 4pc = -4n = b'^2 - 4pc' = D_{g_1}$ folgt $2|b, b', p|b^2 - b'^2$, also $2p|b' - b$ oder $2p|b' + b$. Sei $2p|b' - b$, $b' = b + 2kp$. Dann ist $g_1(x - ky, y) = px^2 + (b' - 2kp)xy + \widetilde{c}y^2 = px^2 + bxy + \widetilde{c}y^2$, und daher $g_1 \sim f_1$ wegen $D_{g_1} = D_{f_1}$. Es folgt $f \sim f_1 \sim g_1 \sim g$, also $f = g$, da die Formen reduziert sind. Analog wird der andere Fall erledigt unter Berücksichtigung von Übung 102.

107. Teil a) ist klar. $2 = 0^2 + 2 \cdot 1^2$ ist darstellbar, und $p \geq 3$ ist darstellbar, wenn $p \equiv 1, 3 \pmod{8}$ ist. Für $p \equiv 5, 7 \pmod{8}$ ist -2 NR mod p. Resultat: $m = x^2 + 2y^2 \Longleftrightarrow$ alle Primteiler $\equiv 5, 7 \pmod{8}$ treten zu einem geraden Exponenten in m auf.

108. Durch die Transformation $\begin{pmatrix} -2 & -1 \\ 1 & 0 \end{pmatrix}$ erhalten wir $f(-2x - y, x) = 2x^2 - xy + 4y^2$, also ist $2 = f(2, -1)$ das Minimum.

109. $h(-4n) = 1$ für $n \in \{1, 2, 3, 7\}$ haben wir schon gesehen, $n = 4$ geht analog. Nun sei $n \notin \{1, 2, 3, 4, 7\}$. Fall 1. $n \neq p^k$ $(p \geq 3)$, $n = ac$, $1 < a < c$, $(a, c) = 1$. Dann ist $f(x, y) = ax^2 + cy^2$, eine weitere reduzierte Form mit $D_f = -4ac = -4n$. Fall 2. $n = 2^k$, dann ist $f(x, y) = 4x^2 + 4xy + (2^{k-2} + 1)y^2$ primitiv und reduziert mit $D_f = -4n$, falls $4 \leq 2^{k-2} + 1 \Longleftrightarrow k \geq 4$. Ferner ist $h(-32) = 2$ mit den reduzierten Formen $x^2 + 8y^2$, $3x^2 + 2xy + 3y^2$. Fall 3. $n = p^k$. Wird analog behandelt mit Fallunterscheidung, ob $n + 1 = 2^s$ ist oder nicht.

110. $\mathbb{Z}_{24}^* = \{1, 5, 7, 11, 13, 17, 19, 23\}$. Es ist $\chi([i]) = 1$ für $i \in \{1, 5, 7, 11\}$, $G = \{1, 5, 7, 11\}$, $H = \{1, 7\}$. Ferner $h(-24) = 2$ mit den reduzierten Formen $x^2 + 6y^2$, $2x^2 + 3y^2$.

Resultat: Für $p \neq 2, 3$ ist $p = x^2 + 6y^2 \Leftrightarrow p \equiv 1, 7 \pmod{24}$, $p = 2x^2 + 3y^2 \Leftrightarrow p \equiv 5, 11 \pmod{24}$.

111. $N(a + bi) = a^2 + b^2 = 1 \Leftrightarrow a = \pm 1, b = 0$ oder $a = 0, b = \pm 1$.

112. a. $\alpha \approx \beta \Leftrightarrow \alpha = \varepsilon\beta, \varepsilon \in E \Leftrightarrow \varepsilon^{-1}\alpha = \beta \Rightarrow \alpha|\beta, \beta|\alpha$. Umgekehrt folgt aus $\beta = \rho\alpha$, $\alpha = \sigma\beta$, dass $\beta = (\rho\sigma)\beta$ ist, also $\rho\sigma = 1$. b. Analoger Schluss.

113. a. Sei π prim, $\pi = \alpha\beta$, und o. B. d. A. $\pi|\alpha, \alpha = \pi\rho$. Es folgt $\pi = \pi(\rho\beta), \rho\beta = 1$, also $\beta \in E$. b. Sei π irreduzibel $\pi|\alpha\beta, \alpha\beta = \pi\pi_2 \cdots \pi_t$ Zerlegung in R, also $\pi|\alpha$ oder $\pi|\beta$.

114. a. Aus $\alpha = \beta\gamma$ folgt $N(\alpha) = N(\beta)N(\gamma) = p$, also $N(\beta) = 1$ oder $N(\gamma) = 1$. b. Sei $p = a^2 + b^2 = c^2 + d^2$, $\alpha = a + bi$, $\beta = c + di$. Wegen $N(p) = p^2 = N(\alpha)N(\overline{\alpha}) = N(\beta)N(\overline{\beta})$ sind α, β und auch $\overline{\alpha}, \overline{\beta}$ irreduzibel, $p = \alpha\overline{\alpha} = \beta\overline{\beta}$, also $\alpha \approx \beta$ oder $\alpha \approx \overline{\beta}$. Die vier Einheiten $1, 1, i, -i$ entsprechen den Vertauschungen.

115. a. $2 = -i(1 + i)^2$. b. $p = \alpha\beta \Rightarrow N(p) = p^2 = N(\alpha)N(\beta)$. Wenn $N(\alpha) = N(\beta) = p$ ist, so gilt $p = a^2 + b^2$, Widerspruch.

116. Die Ringeigenschaft prüft man direkt nach. Sei nun $\alpha = a + b\sqrt{d}$, $a, b \in \mathbb{Q}$, und α Nullstelle von $a_0 + a_1 x + x^2 \in \mathbb{Z}[x]$.

Fall 1. $b = 0$. $a_0 + a_1 a + a^2 = 0$, $a = \frac{r}{s}$, $(r, s) = 1$, impliziert $a_0 s^2 + a_1 rs + r^2 = 0$, und wegen $(r, s) = 1$ folgt $s = 1$, also $a \in \mathbb{Z}$. Umgekehrt ist $a \in \mathbb{Z}$ Nullstelle von $-ax + x^2$.

Fall 2. $b \neq 0$. Sei $a = \frac{r}{s}$, $b = \frac{t}{u}$, dann ist $a_0 + a_1(\frac{r}{s} + \frac{t}{u}\sqrt{d}) + (\frac{r}{s} + \frac{t}{u}\sqrt{d})^2 = 0$ und wegen $\sqrt{d} \notin \mathbb{Q}$, $a_0 + a_1\frac{r}{s} + \frac{r^2}{s^2} + \frac{t^2}{u^2}d = 0$, $a_1\frac{t}{u} + 2\frac{rt}{su} = 0$. Daraus folgt $a_1 s + 2r = 0$ und daraus $s \in \{1, 2\}$ wegen $(r, s) = 1$. Die Fallunterscheidungen $s = 1$ bzw. $s = 2$ führen zum Resultat.

117. $d = -1$ kennen wir schon. In $\mathbb{Z}[\sqrt{-3}]$ ist $\alpha\overline{\alpha} = \frac{a^2 + 3b^2}{4} = 1 \Leftrightarrow a^2 + 3b^2 = 4$ und wir haben die Lösungen $a = \pm 2, b = 0$; $a = \pm 1, b = \pm 1$. Für $d < -3$ ist die Gleichung $a^2 + db^2 = 1$ für $d \equiv 2, 3 \pmod 4$ bzw. $a^2 + db^2 = 4$ für $d \equiv 1 \pmod 4$. In beiden Fällen ist $a = \pm 1, b = 0$ die einzige Lösung.

118. Sei $d \equiv 2, 3 \pmod 4$. Wir haben $\frac{1 + s\sqrt{d}}{1 - s\sqrt{d}} = \frac{(1 + s^2 d) + 2s\sqrt{d}}{1 - s^2 d}$, also ist $\frac{1 + s\sqrt{d}}{1 - s\sqrt{d}} \in \mathbb{Z}[\sqrt{d}] \Leftrightarrow 1 - s^2 d | 1 + s^2 d, 2s$. Aus $(1 - s^2 d, 1 + s^2 d) = (1 - s^2 d, 2)$ folgt $1 - s^2 d | 2$, also $s^2 d \in \{0, 2, -1, 3\}$. Resultat: $s = 0$, d beliebig; $s = \pm 1$, $d = 2, -1, 3$, mit den Elementen 1, $\frac{1 \pm \sqrt{2}}{1 \mp \sqrt{2}} = -3 \mp 2\sqrt{2}$, $\frac{1 \pm i}{1 \mp i} = \pm i$, $\frac{1 \pm \sqrt{3}}{1 \mp \sqrt{3}} = -2 \mp \sqrt{3}$. Der Fall $d \equiv 1 \pmod 4$ wird analog behandelt mit dem Resultat: 1, $\frac{1 \pm \sqrt{-3}}{1 \mp \sqrt{-3}} = \frac{-1 \pm \sqrt{-3}}{2}$, $\frac{1 \pm \sqrt{5}}{1 \mp \sqrt{5}} = \frac{-3 \mp \sqrt{5}}{2}$.

119. a. $6 = 2 \cdot 3 = (1 + \sqrt{-5})(1 - \sqrt{-5})$. Die Irreduzibilität der rechten Faktoren ist leicht zu sehen. b. $3|(1 + \sqrt{-26})(1 - \sqrt{-26}) = 27$, aber $3 \nmid 1 + \sqrt{-26}, 1 - \sqrt{-26}$.

120. Das sind keine Primzerlegungen. Wir haben $2 = (1 + \sqrt{3})(-1 + \sqrt{3})$, $11 = (1 + 2\sqrt{3})(-1 + 2\sqrt{3})$, $5 + \sqrt{3} = (1 + \sqrt{3})(-1 + 2\sqrt{3})$, $5 - \sqrt{3} = (-1 + \sqrt{3})(1 + 2\sqrt{3})$. Alle Faktoren sind irreduzibel.

121. Wir wissen schon, dass alle diese Elemente irreduzibel sind (Übungen 114, 115). Sei $\alpha = a + bi$ irreduzibel. Fall 1. $b = 0$: $\alpha = a \in \mathbb{Z}$, dann ist $\alpha = p$, $p \equiv 3 \pmod 4$. Fall 2. $a = 0$: bi irreduzibel $\Leftrightarrow b$ irreduzibel, also erhalten wir bis auf Assoziierte nichts Neues. Fall 3. $a, b \neq 0$: $N(a + bi) = a^2 + b^2 = n$. Falls $p \mid n$, $p \in \mathbb{P}$ mit $p \equiv 1 \pmod 4$, dann ist $p = c^2 + d^2 = (c + di)(c - di)$ Primzerlegung, also $c + di \mid a + bi$ oder $c - di \mid a + bi$, das heißt $c \pm di \approx a + bi$ somit $N(a + bi) = p \in \mathbb{P}$. Falls $n = p^2 n'$ ist, $p \in \mathbb{P}$, $p \equiv 3 \pmod 4$, dann ist $p^2 \mid (a + bi)(a - bi)$, somit $a + bi \approx p$, da p irreduzibel in $\mathbb{Z}[i]$ ist.

122. a. Sei $\alpha = a + bi \in \mathbb{Z}[i]$ beliebig. Falls $a \equiv b \pmod 2$ ist, so ist $(\frac{a+b}{2} + \frac{b-a}{2}i)(1 + i) = a + bi$, also $a + bi \equiv 0 \pmod{1 + i}$. Im anderen Fall ist $a + bi \equiv 1 \pmod{1 + i}$. b. $a + bi \equiv a' + b'i \pmod p$ mit $a \equiv a'$, $b \equiv b' \pmod p$, $0 \leq a', b' < p$. Umgekehrt sind alle diese Elemente inkongruent mod p. c. Hier reduziert man mod p, $p = a^2 + b^2$.

123. Der Beweis für $p \geq 3$ und $d \equiv 1 \pmod 4$ geht vollkommen analog. Sei $p = 2$, $d \equiv 2, 3 \pmod 4$. Der Fall $2 \mid d$, also $d \equiv 2 \pmod 4$ geht analog wie für $p \geq 3$, 2 ist verzweigt. Sei $d \equiv 3 \pmod 4$, a ungerade, dann gilt $2 \mid a^2 - d = (a + \sqrt{d})(a - \sqrt{d})$. Wäre 2 prim, so hätten wir $2 \mid a + \sqrt{d}$ oder $2 \mid a - \sqrt{d}$, was nicht geht. Also ist 2 zerlegbar, $\pm 2 = (a + b\sqrt{d})(a - b\sqrt{d})$. Sei o.B.d.A. $2 = a^2 - b^2 d$, dann gilt $a + b\sqrt{d} = (a - b\sqrt{d})(a^2 - 1 + ab\sqrt{d})$, und der zweite Faktor ist Einheit, also ist 2 verzweigt. Ganz ähnlich zeigt man $d \equiv 1 \pmod 8 \Rightarrow 2$ zerlegt, $d \equiv 5 \pmod 8 \Rightarrow 2$ träge.

124. Die Fälle $d = -1, -2, -3$ sind trivial. Für $d = -5$ ist 2 nach Satz 4.29 verzweigt, aber $\mathbb{Z}[\sqrt{-5}]$ kein ZPE-Ring. Für $d = -7$ ist 2 zerlegt, jedoch $\mathbb{Z}[\sqrt{-7}]$ ZPE-Ring. Für $d = -43$ funktioniert die Aussage. Alle $p < \sqrt{|d|}$ sind träge nach Satz 4.29, also $\mathbb{Z}[\sqrt{-43}]$ ZPE-Ring.

125. Wir haben $\sqrt{3} = [1, \overline{1, 2}]$, also hat die Pellsche Gleichung $x^2 - 3y^2 = -1$ keine Lösung (Folgerung 3.10). Somit ist $a + b\sqrt{3} \in E \Leftrightarrow a^2 - 3b^2 = 1$, und $a = 2$, $b = 1$ ist die kleinste positive Lösung. Der Rest folgt aus Satz 3.11.

Kapitel 5

126. Mit $\alpha = \frac{r}{s}$, $(r, s) = 1$, erhalten wir $0 = (\frac{r}{s})^m + a_{m-1}(\frac{r}{s})^{m-1} + \cdots + a_0$ oder $0 = r^m + a_{m-1}r^{m-1}s + \cdots + a_1 r s^{m-1} + a_0 s^m$, also $s \mid r^m$, was nur für $s = 1$ geht.

127. Das Minimalpolynom ist $f(x) = x^4 - 4x^3 - 4x^2 + 16x - 8$.

128. Algebraisch, da die Summe algebraischer Zahlen algebraisch ist (klar?).

129. Sei $\alpha = \frac{r}{s}$ und $\left|\frac{r}{s} - \frac{p}{q}\right| < \frac{C}{q^{1+\varepsilon}}$, $\frac{r}{s} \neq \frac{p}{q}$. Daraus folgt $1 \leq |rq - ps| < \frac{Csq}{q^{1+\varepsilon}}$, $q^\varepsilon < Cs$. Es gibt also nur endlich viele Nenner q und zu jedem q nur endlich viele Zähler p.

130. Aus $\frac{C}{q^d} < \left|\alpha - \frac{p}{q}\right| < \frac{C(\alpha)}{q^{d+\varepsilon}}$ folgt $q^\varepsilon < \frac{C(\alpha)}{C}$, also gibt es nur endlich viele q und p.

131. Analog zur vorigen Übung.

132. Es seien $\alpha = \alpha_1, \ldots, \alpha_d$ die Nullstellen von $f(x)$, $c = \min_{i,j} |\alpha_i - \alpha_j| > 0$. Wir haben $F(x, y) = a_d y^d \prod_{i=1}^{d} (\frac{x}{y} - \alpha_i)$. Angenommen, es gäbe unendlich viele p_n, q_n mit $F(p_n, q_n) = m$. Eine der Nullstellen α_i ist dann Häufungspunkt von $(\frac{p_n}{q_n})$, da ansonsten $F(p_n, q_n)$ beliebig groß wird. Sei α_h so ein Häufungspunkt, mit $|\alpha_h - \frac{p}{q}| < \frac{c}{2}$ für unendlich viele p, q mit $F(p, q) = m$. Daraus folgt $|\alpha_j - \frac{p}{q}| \geq \frac{c}{2}$ für $j \neq h$, also $|\alpha_h - \frac{p}{q}| = \frac{|m|}{|a_d| q^d \prod_{j \neq h} |p/q - \alpha_j|} \leq \frac{|m|}{|a_d| (c/2)^{d-1}} \frac{1}{q^d}$ für unendlich viele $\frac{p}{q}$, im Widerspruch zu Roths Theorem.

133. Sei α Liouville Zahl, $n \geq t$. Dann existiert $\frac{p_n}{q_n}$ mit $|\alpha - \frac{p_n}{q_n}| < \frac{1}{q_n^n} \leq \frac{1}{q_n^t}$. Sei $m = \max$ mit $|\alpha - \frac{p_n}{q_n}| < \frac{1}{q_n^m}$ (m existiert, da $q_n \geq 2$ ist). Nun wähle $k > m$, dies ergibt $|\alpha - \frac{p_k}{q_k}| < \frac{1}{q_k^k} \leq \frac{1}{q_k^t}$ usf., und wir erhalten unendlich viele $\frac{p}{q}$ mit $|\alpha - \frac{p}{q}| < \frac{1}{q^t}$. Umgekehrt sei $|\alpha - \frac{p}{q}| < \frac{c}{q^{n+1}}$ für eine Konstante $c > 0$ und unendlich viele n. Da $q \to \infty$ geht, können wir $q_n \geq c$ wählen, so dass $|\alpha - \frac{p}{q_n}| < \frac{1}{q_n^n}$ gilt.

134. Argumentation wie im Text.

135. Sei $\alpha = d_0, d_1 d_2 d_3 \ldots$ in Dezimaldarstellung. Setze $L_1 = d_0, 0 d_2 d_3 000000 d_{10} \ldots$, $L_2 = 0, d_1 00 d_4 d_5 \ldots d_9 0 \ldots$ mit abwechselnden Blöcken von $n!$ Nullen. Offenbar sind L_1, L_2 Liouville Zahlen mit $\alpha = L_1 + L_2$.

136. 1) und 2) sind klar, ferner $f^{(k)}(x) = 0$ für $k > 2n$. Sei $n \leq k \leq 2n$, dann ist $f^k(0) = \frac{k! c_k}{n!} \in \mathbb{Z}$. Wegen $f(x) = f(1 - x)$ folgt $f^{(k)}(x) = (-1)^k f^{(k)}(1 - x)$ für alle x, also $f^{(k)}(1) = (-1)^k f^{(k)}(0) \in \mathbb{Z}$.

137. Wäre $e^\alpha = \beta \in \mathcal{A}$, dann hätten wir $e^\alpha - \beta e^0 = 0$, Widerspruch. Aus $\sin \alpha = \beta \in \mathcal{A}$, $\sin \alpha = \frac{e^{i\alpha} - e^{-i\alpha}}{2i}$ folgt $e^{i\alpha} - e^{-i\alpha} - 2i\beta e^0 = 0$, Widerspruch zu Lindemann-Weierstrass. Analog für $\cos \alpha$ und $\operatorname{tg} \alpha$. Wäre $\log \alpha \in \mathcal{A}$, so wäre $e^{\log \alpha} = \alpha \notin \mathcal{A}$, Widerspruch.

138. Aus $e^\pi \in \mathcal{A}$ folgte nach Gelfond-Schneider $(e^\pi)^i = -1$ transzendent, was natürlich nicht stimmt. Wir haben $\frac{\log m}{\log n} = \log_n m$. Wäre $\frac{\log m}{\log n}$ algebraisch, so $n^{\log m / \log n} = n^{\log_n m} = m$ transzendent.

139. Wir haben $((\sqrt{2})^{\sqrt{2}})^{\sqrt{2}} = 2$, also können wir $\alpha = \sqrt{2}^{\sqrt{2}}$, $\beta = \sqrt{2}$ nehmen.

140. Sei $a_n = \sqrt{1 + 2\sqrt{\cdots (n-1)\sqrt{n+1}}}$, dann ist wegen $\sqrt{n+1} < \sqrt{1 + n\sqrt{n+2}}$, die Folge a_n streng monoton steigend. Ersetzen wir in a_n im Inneren $(n-1)\sqrt{n+1}$ durch $(n-1)(n+1)$ und nennen das neue Element a_n', so ist $a_n < a_n'$, und ferner durch Induktion $a_n' = 3$ für alle $n \geq 3$, also $a_n < 3$. Wieder durch Induktion zeigt man $a_n > 3^{(n-2)/(n-1)}$ ($n \geq 2$), somit $\lim a_n = 3$. Die Antwort auf die letzte Frage ist natürlich $\sqrt{1 + \sqrt{1 + \cdots}} = \frac{1 + \sqrt{5}}{2}$, der goldene Schnitt.

Literatur

Zahlentheorie ist ein klassisches Gebiet der Mathematik. Dementsprechend vielfältig in Thema und Schwierigkeitsgrad sind die einschlägigen Bücher. Die folgende Liste ist nach Kapiteln gegliedert und enthält neben einführenden Texten auch Lehrbücher, die zu einem weiter gehenden Studium einladen.

Allgemein

S. Müller-Stach, J. Piontkowski: *Elementare und algebraische Zahlentheorie.* Vieweg 2006.

Enthält alle Grundlagen wie Teilertheorie, Kongruenzrechnung und ist sehr gut lesbar mit Schwerpunkt auf algebraischen Themen.

G. A. Jones, J.M. Jones: *Elementary Number Theory.* Springer 1998.

Elementar und gut, ein Favorit bei den Berliner Zahlentheorie Studenten.

P. Bundschuh: *Einführung in die Zahlentheorie*, 2. Auflage. Springer 1992.

Wesentlich umfangreicher als die ersten beiden Bücher, nach wie vor die beste Einführung in deutscher Sprache.

H. E. Rose: *A Course in Number Theory*, 2nd edition. Springer 1994.

Ideal für ein weiter führendes Studium, enthält einige der großen Sätze der Zahlentheorie, z. B. den Primzahlsatz und den Satz von Dirichlet (mit Beweisen).

Zu Kapitel 1

P. Ribenboim: *Meine Zahlen, meine Freunde.* Springer 2009.

Eine vergnügliche Rundtour, anregend und locker geschrieben.

J. Arndt, C. Haenel: *π-Algorithmen, Computer, Arithmetik.* Springer 1998.

Was man schon immer über π wissen wollte, hier steht es.

Zu Kapitel 2

P. Ribenboim: *Die Welt der Primzahlen.* Springer 2004.

Wunderbar leicht zu lesen von Mersenne und Fermat bis Carmichael Zahlen und die Goldbachsche Vermutung, und im Anhang gibt es diverse Rekorde und alle Primzahlen bis 10000.

D. Bressoud, S. Wagon: *A Course in Computational Number Theory.* Key College Publishing, Springer 2000.

Eine elementare Einführung in die algorithmische Zahlentheorie von zwei der besten US-Autoren.

R. Crandall, C. Pomerance: *Prime Numbers, a Computational Perspective,* 2nd edition. Springer 2005.

Ein umfassender Text zu algorithmischen Aspekten für ambitionierte Leser.

Zu Kapitel 3

I. Niven: *Irrational Numbers.* Wiley 1956.

Ein schmaler Band, der aber alles enthält, was man über Kettenbrüche wissen sollte, und außerdem glänzend geschrieben ist.

E. B. Burger: *Exploring the Number Jungle.* AMS Publications 2000.

Ungewöhnliches Konzept, mit Hinweisen zum selber Entdecken und Beweisen – sozusagen Mathematik aus erster Hand.

Zu Kapitel 4

A. Schmidt: *Einführung in die algebraische Zahlentheorie.* Springer 2007.

Sehr gut lesbare Darstellung für alle, die sich weiter in die algebraische Zahlentheorie vertiefen wollen.

I. N. Stewart, D. O. Tall: *Algebraic Number Theory.* Chapman and Hall 1979.

Fast jedermanns Favorit als Einführung von vielfach preisgekrönten Autoren.

J. Neukirch: *Algebraische Zahlentheorie.* Springer 1992.

Der Klassiker in deutscher Sprache, für Fortgeschrittene.

Zu Kapitel 5

F. Toenniessen: *Das Geheimnis der transzendenten Zahlen.* Spektrum Akademischer Verlag 2010.

Beginnt praktisch bei Null und führt die Leser (sehr gemächlich) bis zum Transzendenzbeweis von e und π.

E. B. Burger, R. Tubbs: *Making Transcendence Transparent.* Springer 2004.

Von Liouville bis Gelfond-Schneider reicht der Bogen dieses bemerkenswerten Buches, das nach der Philosophie des ersten Autors keine Übungen, sondern Challenges enthält – ein do it yourself book.

Noch zu empfehlen

R. Guy: *Unsolved Problems in Number Theory.* Springer 2004.

Eine unentbehrliche Fundgrube, was alles in der Zahlentheorie noch offen ist (nämlich fast alles).

J. M. De Koninck, A. Mercier: 1001 *Problems in Classical Number Theory.* AMS Publications 2007.

Schöne Übungsaufgaben auf dem Niveau dieses Buches mit Einführung und Lösungen.

J. Conway, R. Guy: *The Book of Numbers.* Copernicus, Springer 1996.

Amüsant und schräg von zwei Meistern ihres Faches.

J. Havil: *Gamma, Eulers Konstante, Primzahlstrände und die Riemannsche Vermutung.* Springer 2007.

Es beginnt mit der harmonischen Reihe und Eulers Triumph $\sum \frac{1}{n^2} = \frac{\pi^2}{6}$ und führt mit historischen Ausflügen bis zum größten ungelösten Problem der Mathematik, der Riemannschen Vermutung – ein intellektueller Genuss.

J. Wolfart: *Einführung in die Zahlentheorie und Algebra.* Vieweg 1996.

Eine sehr lesenswerte Einführung, die zeigt, wie sich Algebra und Zahlentheorie gegenseitig befruchten.

G. Wüstholz: *Algebra.* Vieweg 2004.

Für alle zu empfehlen, die über die algebraischen Grundlagen dieses Skripts und darüber hinaus nachlesen möchten.

Index

Zahlentheorie

Zahlentheorie, neben Geometrie wohl das älteste Gebiet der Mathematik, hat im Lauf der Zeit nichts von ihrem Reiz eingebüßt – ganz im Gegenteil: Die Faszination zeitloser Probleme wie der Fermatschen Vermutung genau so wie aktuelle Anwendungen in Kryptographie lassen sie lebendiger denn je erscheinen. Das vorliegende Buch trägt dazu bei, die Zahlentheorie in den Bachelor-Lehrplan einzubauen. Es ist kein umfassendes Lehrbuch, sondern will den Stoff einer einsemestrigen 4+2-stündigen Vorlesung von 14 Wochen vermitteln, wie sie mit großem Erfolg mehrmals an der FU Berlin gehalten wurde. Der Text umfasst etwa 140 Seiten, pro Woche gibt es 10 Übungen, die direkt in den Stoff einfließen. Als zusätzliche Lernhilfe gibt es für viele Übungen Hinweise und kurze Lösungen für alle Übungen am Schluss des Buches, und ferner ein ausführliches Literaturverzeichnis, nach Kapiteln gegliedert und mit Kommentaren versehen. Außerdem werden die benötigten Grundlagen in einem Anhang kurz zusammengestellt.

Der Inhalt

Zum Aufwärmen – Primzahlen – Irrationale Zahlen – Algebraische Zahlen – Transzendente Zahlen – Lösungen der Übungsaufgaben

STUDIUM

Die Zielgruppen

Bachelorstudierende der Mathematik ab dem 3. Semester
Lehramtsstudierende, die sich in Zahlentheorie vertiefen wollen
Mathematiklehrerinnen und -lehrer an Gymnasien

Der Autor

Prof. Dr. Martin Aigner, Freie Universität Berlin, Institut für Mathematik

Die Reihe

Bachelorkurs Mathematik: Skripte

www.viewegteubner.de

ISBN 978-3-8348-1805-8